城镇排水与污水处理行业职业技能培训鉴定丛书

城镇污水处理工培训题库

北京城市排水集团有限责任公司　组织编写

中国林业出版社
·北京·

图书在版编目（CIP）数据

城镇污水处理工培训题库/北京城市排水集团有限责任公司组织编写. —北京：中国林业出版社，2020.9（2024.10重印）

（城镇排水与污水处理行业职业技能培训鉴定丛书）

ISBN 978-7-5219-0809-1

Ⅰ.①城… Ⅱ.①北… Ⅲ.①城市污水处理－职业技能－鉴定－习题集 Ⅳ.①X703－44

中国版本图书馆CIP数据核字（2020）第179332号

中国林业出版社

责任编辑：陈 惠

电　话：（010）83143614

出版发行	中国林业出版社（100009　北京市西城区刘海胡同7号）
	https://www.cfph.net
印　刷	北京中科印刷有限公司
版　次	2020年10月第1版
印　次	2024年10月第2次印刷
开　本	889mm×1194mm　1/16
印　张	9.5
字　数	305千字
定　价	58.00元

未经许可，不得以任何方式复制或抄袭本书之部分或全部内容。

版权所有　侵权必究

城镇排水与污水处理行业职业技能培训鉴定丛书编写委员会

主　　　编　郑　江

副 主 编　张建新　蒋　勇　王　兰　张荣兵

执行副主编　王增义

《城镇污水处理工培训题库》编写人员

刘达克　王佳伟　文　洋　辛　颖　李　洋

李广路　毕　琳　赵　颖　刘学锋　冀春苗

前　言

2018年10月，我国人力资源和社会保障部印发了《技能人才队伍建设实施方案（2018—2020年）》，提出加强技能人才队伍建设、全面提升劳动者就业创业能力是新时期全面贯彻落实就业优先战略、人才强国战略、创新驱动发展战略、科教兴国战略和打好精准脱贫攻坚战的重要举措。

我国正处在城镇化发展的重要时期，城镇排水行业是市政公用事业和城镇化建设的重要组成部分，是国家生态文明建设的主力军。为全面加强城镇排水行业职业技能队伍建设，培养和提升从业人员的技术业务能力和实践操作能力，积极推进城镇排水行业可持续发展，北京城市排水集团有限责任公司组织编写了本套城镇排水与污水处理行业职业技能培训鉴定丛书。

本套丛书是基于北京城市排水集团有限责任公司近30年的城镇排水与污水处理设施运营经验，依据国家和行业的相关技术规范以及职业技能标准，并参考高等院校教材及相关技术资料编写而成，包括排水管道工、排水巡查员、排水泵站运行工、城镇污水处理工、污泥处理工共5个工种的培训教材和培训题库，内容涵盖安全生产知识、基本理论常识、实操技能要求和日常管理要素，并附有相应的生产运行记录和统计表单。

本套丛书主要用于城镇排水与污水处理行业从业人员的职业技能培训和考核，也可供从事城镇排水与污水处理行业的专业技术人员参考。

由于编者水平有限，丛书中可能存在不足之处，希望读者在使用过程中提出宝贵意见，以便不断改进完善。

2020年6月

目 录

第一章 初级工 …………………………………………………………………… (1)
第一节 安全知识 …………………………………………………………… (1)
一、单选题 ……………………………………………………………… (1)
二、多选题 ……………………………………………………………… (6)
三、简答题 ……………………………………………………………… (9)
第二节 理论知识 …………………………………………………………… (9)
一、单选题 ……………………………………………………………… (9)
二、多选题 ……………………………………………………………… (16)
三、简答题 ……………………………………………………………… (20)
四、计算题 ……………………………………………………………… (22)
第三节 操作知识 …………………………………………………………… (22)
一、单选题 ……………………………………………………………… (22)
二、多选题 ……………………………………………………………… (25)
三、简答题 ……………………………………………………………… (27)
四、实操题 ……………………………………………………………… (27)

第二章 中级工 …………………………………………………………………… (29)
第一节 安全知识 …………………………………………………………… (29)
一、单选题 ……………………………………………………………… (29)
二、多选题 ……………………………………………………………… (34)
三、简答题 ……………………………………………………………… (37)
四、实操题 ……………………………………………………………… (37)
第二节 理论知识 …………………………………………………………… (38)
一、单选题 ……………………………………………………………… (38)
二、多选题 ……………………………………………………………… (45)
三、简答题 ……………………………………………………………… (48)
四、计算题 ……………………………………………………………… (49)
第三节 操作知识 …………………………………………………………… (50)
一、单选题 ……………………………………………………………… (50)
二、多选题 ……………………………………………………………… (53)
三、简答题 ……………………………………………………………… (55)
四、实操题 ……………………………………………………………… (56)

第三章 高级工 …………………………………………………………………… (58)
第一节 安全知识 …………………………………………………………… (58)
一、单选题 ……………………………………………………………… (58)

  　　二、多选题 …………………………………………………………………………… (64)
  　　三、简答题 …………………………………………………………………………… (66)
  　　四、实操题 …………………………………………………………………………… (67)
  　第二节　理论知识 ………………………………………………………………………… (68)
  　　一、单选题 …………………………………………………………………………… (68)
  　　二、多选题 …………………………………………………………………………… (76)
  　　三、简答题 …………………………………………………………………………… (78)
  　　四、计算题 …………………………………………………………………………… (79)
  　第三节　操作知识 ………………………………………………………………………… (80)
  　　一、单选题 …………………………………………………………………………… (80)
  　　二、多选题 …………………………………………………………………………… (83)
  　　三、简答题 …………………………………………………………………………… (86)
  　　四、实操题 …………………………………………………………………………… (88)

第四章　技　师 ………………………………………………………………………………… (89)
  　第一节　安全知识 ………………………………………………………………………… (89)
  　　一、单选题 …………………………………………………………………………… (89)
  　　二、多选题 …………………………………………………………………………… (94)
  　　三、简答题 …………………………………………………………………………… (96)
  　　四、实操题 …………………………………………………………………………… (97)
  　第二节　理论知识 ………………………………………………………………………… (97)
  　　一、单选题 …………………………………………………………………………… (97)
  　　二、多选题 …………………………………………………………………………… (102)
  　　三、简答题 …………………………………………………………………………… (105)
  　　四、计算题 …………………………………………………………………………… (106)
  　第三节　操作知识 ………………………………………………………………………… (107)
  　　一、单选题 …………………………………………………………………………… (107)
  　　二、多选题 …………………………………………………………………………… (111)
  　　三、简答题 …………………………………………………………………………… (114)
  　　四、实操题 …………………………………………………………………………… (115)

第五章　高级技师 ……………………………………………………………………………… (117)
  　第一节　安全知识 ………………………………………………………………………… (117)
  　　一、单选题 …………………………………………………………………………… (117)
  　　二、多选题 …………………………………………………………………………… (121)
  　　三、简答题 …………………………………………………………………………… (124)
  　　四、实操题 …………………………………………………………………………… (124)
  　第二节　理论知识 ………………………………………………………………………… (124)
  　　一、单选题 …………………………………………………………………………… (124)
  　　二、多选题 …………………………………………………………………………… (129)
  　　三、简答题 …………………………………………………………………………… (131)
  　　四、计算题 …………………………………………………………………………… (132)
  　第三节　操作知识 ………………………………………………………………………… (134)
  　　一、单选题 …………………………………………………………………………… (134)
  　　二、多选题 …………………………………………………………………………… (138)
  　　三、简答题 …………………………………………………………………………… (141)
  　　四、实操题 …………………………………………………………………………… (142)

第一章

初 级 工

第一节　安全知识

一、单选题

1. 关于危险化学品安全技术说明书的主要作用以下不正确的是(　　)。
   A. 是化学品安全生产、安全流通、安全使用的指导性文件
   B. 是应急作业人员进行应急作业时的法规指南
   C. 为制订危险化学品安全操作规程提供技术信息
   D. 是企业进行安全教育的重要内容
   答案：B

2. (　　)由生产企业在货物出厂前粘贴、挂拴、喷印在包装或容器的明显位置，若改换包装，则由改换单位重新粘贴、挂拴、喷印。
   A. 应急文件　　　　　　　　　　　B. 化学品安全技术说明书
   C. 安全标签　　　　　　　　　　　D. 安全标识
   答案：C

3. 反硝化生物滤池作业场所可能涉及的危险化学品有(　　)。
   A. 金属钠　　　B. 液氧　　　C. 氢氧化钠　　　D. 甲醇
   答案：D

4. 中和反应作业场所可能涉及的危险化学品有(　　)。
   A. 金属钠　　　B. 液氧　　　C. 氢氧化钠　　　D. 甲醇
   答案：C

5. 臭氧制备场所可能涉及的危险化学品有(　　)。
   A. 金属钠　　　B. 液氧　　　C. 氢氧化钠　　　D. 甲醇
   答案：B

6. 以下哪项不属于危险化学品火灾爆炸事故的预防措施(　　)。
   A. 防止可燃可爆混合物的形成　　　B. 控制工艺参数
   C. 消除点火源　　　　　　　　　　D. 个体防护
   答案：D

7. 以下哪种物质有毒性、窒息性和腐蚀性(　　)。
   A. 压缩空气　　　B. 氨气　　　C. 硫磺　　　D. 钠
   答案：B

8. 以下属于有易挥发性、易流动扩散性、受热膨胀性的物质是(　　)。
   A. 压缩空气　　　B. 甲烷　　　C. 甲苯　　　D. 钠

答案：C

9. 以下属于燃点低，对热、撞击、摩擦敏感，易被外部火源点燃，燃烧迅速，并可能散发出有毒烟雾或有毒气体的物质是（　　）。
   A. 压缩空气　　　　　　B. 甲烷　　　　　　C. 硫磺　　　　　　D. 钠
   答案：C

10. 以下属于自燃点低，在空气中易于发生氧化反应，放出热量，而自行燃烧的物质是（　　）。
    A. 白磷　　　　　　　　B. 甲烷　　　　　　C. 氰化钾　　　　　　D. 钠
    答案：A

11. 以下属于遇水或受潮时，发生剧烈化学反应，放出大量的易燃气体和热量的物质是（　　）。
    A. 压缩空气　　　　　　B. 甲烷　　　　　　C. 硫磺　　　　　　D. 钠
    答案：D

12. 在易燃易爆危险化学品存储区域，应在醒目位置设置（　　）标识，防止发生火灾爆炸事故。
    A. 严禁逗留　　　　　　B. 当心火灾　　　　C. 禁止吸烟和明火　　D. 火警电话
    答案：C

13. 以下不是企业制定安全生产规章制度的依据的是（　　）。
    A. 国家法律、法规的明确要求　　　　　B. 生产发展的需要
    C. 企业安全管理的需要　　　　　　　　D. 劳动生产率提高的需要
    答案：D

14. （　　）是指组织安全生产会议，加强部门之间安全工作的沟通和推进安全管理，及时了解企业的安全状态。
    A. 安全生产会议制度　　　　　　　　　B. 安全生产教育培训制度
    C. 安全生产检查制度　　　　　　　　　D. 职业健康方面的管理制度
    答案：A

15. （　　）是指落实安全生产法有关安全生产教育培训的要求，规范企业安全生产教育培训管理，提高员工安全知识水平和实际操作技能。
    A. 安全生产会议制度　　　　　　　　　B. 安全生产教育培训制度
    C. 安全生产检查制度　　　　　　　　　D. 职业健康方面的管理制度
    答案：B

16. （　　）是指落实《中华人民共和国职业病防治法》和《工作场所职业卫生监督管理规定》等有关规定要求，加强职业危害防治工作，减少职业病危害，维护员工和企业利益。
    A. 安全生产会议制度　　　　　　　　　B. 安全生产教育培训制度
    C. 安全生产检查制度　　　　　　　　　D. 职业健康方面的管理制度
    答案：D

17. （　　）是指落实《中华人民共和国安全生产法》和《中华人民共和国劳动法》等法律法规要求，保护从业人员在生产过程中的安全与健康，预防和减少事故发生。
    A. 劳动防护用品配备、管理和使用制度　　B. 安全生产考核和奖惩制度
    C. 危险作业审批制度　　　　　　　　　　D. 生产安全事故隐患排查治理制度
    答案：A

18. 以下不属于安全从业人员的职责的是（　　）。
    A. 自觉遵守安全生产规章制度，不违章作业，并随时制止他人的违章作业
    B. 不断提高安全意识，丰富安全生产知识，增加自我防范能力
    C. 组织制定安全规章制度
    D. 积极参加安全学习及安全培训，掌握本职工作所需的安全生产知识，提高安全生产技能，增加事故预防和应急处理能力
    答案：C

19. 关于安全从业人员的职责，以下描述不正确的是（　　）。

A. 爱护和正确使用机械设备、工具及个人防护用品
B. 主动提出改进安全生产工作意见
C. 有权对单位安全工作中存在的问题提出批评、检举、控告，不得拒绝违章指挥和强令冒险作业
D. 发现直接危及人身安全的紧急情况时，有权停止作业或者在采取可能的应急措施后，撤离作业现场

答案：C

20. 有限空间作业中，（　　）是指采取加装盲板、封堵、导流等措施，阻断有毒有害气体、蒸汽、水、尘埃或泥沙等威胁作业安全的物质涌入有限空间的通路。
A. 通风　　　　　B. 封闭　　　　　C. 隔离　　　　　D. 标识

答案：C

21. 通风时通风量应足够，保证能置换稀释作业过程中释放出来的有害物质，必须能满足（　　）的要求。
A. 人员安全呼吸　　　　　　　　B. 设备正常运行
C. 管理指挥　　　　　　　　　　D. 防火防爆

答案：A

22. 对于不同密度的气体应采取不同的通风方式。有毒有害气体密度比空气大的（如硫化氢），通风时应选择（　　）。
A. 上部　　　　　B. 中上部　　　　C. 中部　　　　　D. 中下部

答案：D

23. 操作人员必须经过专门训练，熟悉了解设备的性能、操作要领及注意事项，（　　）后，方准进行工作。
A. 操作指导　　　B. 培训　　　　　C. 自主学习　　　D. 考核合格

答案：D

24. 电气设备外壳接地属于（　　）。
A. 工作接地　　　B. 防雷接地　　　C. 保护接地　　　D. 大接地

答案：C

25. 熟悉工作区域（　　）的位置，一旦发生火灾、触电或其他电气事故时，应第一时间切断电源，避免造成更大的财产损失和人身伤亡。
A. 插座　　　　　B. 电动设备　　　C. 照明设备　　　D. 总闸

答案：D

26. 发生电气设备故障时，（　　）自行拆卸。
A. 不要　　　　　B. 可以　　　　　C. 必须　　　　　D. 视情况而定是否

答案：A

27. 在池上检修设备时，穿救生衣、佩戴安全带，（　　）有人现场监护。
A. 严禁　　　　　B. 可以　　　　　C. 必须　　　　　D. 视情况而定是否

答案：C

28. 移动所有的电气设备时，不论固定设备还是移动设备，（　　）先切断电源再移动。
A. 严禁　　　　　B. 可以　　　　　C. 必须　　　　　D. 视情况而定是否

答案：C

29. 电气着火后，以下不可用的灭火器或物质是（　　）。
A. 二氧化碳灭火器　　　　　　　B. 四氯化碳灭火器
C. 泡沫灭火器　　　　　　　　　D. 黄沙

答案：C

30. 危险化学品应当储存在专门地点，由专人管理，（　　），不得与其他物资混合储存，储存方式方法与储存数量必须符合国家标准。
A. 单人收发、单人保管　　　　　B. 单人收发、双人保管
C. 双人收发、双人保管　　　　　D. 双人收发、单人保管

答案：C

31. 压缩气体和液化气体的储存条件是( )。
   A. 必须与爆炸物品、氧化剂隔离储存
   B. 必须与易燃物品、自燃物品隔离储存
   C. 必须与腐蚀性物品隔离储存
   D. 以上全部正确
   答案：D

32. 盛装液化气体的容器，属于压力容器，必须有( )，并定期检查，不得超装。
   A. 压力表　　　　B. 安全阀　　　　C. 紧急切断装置　　　　D. 以上全部正确
   答案：D

33. 以下危险化学品储存描述不正确的是( )。
   A. 腐蚀性物品包装必须严密，不允许泄漏，严禁与液化气体和气体物品混存
   B. 遇水容易发生燃烧、爆炸的危险化学品，尽量不要存放在潮湿或容易积水的地点
   C. 受阳光照射容易发生燃烧、爆炸的危险化学品，不得存放在露天或者高温的地方，必要时还应该采取降温和隔热措施
   D. 容器、包装要完整无损，如发现破损、渗漏必须立即进行处理
   答案：B

34. 卸危险化学品时，应避免使用( )工具。
   A. 木质　　　　B. 铁质　　　　C. 铜质　　　　D. 陶质
   答案：B

35. 稀释或制备溶液时，应把( )，避免沸腾和飞溅。
   A. 腐蚀性危险化学品加入水中
   B. 水加入腐蚀性危险化学品中
   C. 水与腐蚀性危险化学品共同倒入容器
   D. 以上全部正确
   答案：A

36. 氧瓶内压一般为0.6~0.8MPa，不能在太阳下曝晒或接近热源，防止( )发生爆炸。
   A. 挥发　　　　B. 蒸发　　　　C. 液化　　　　D. 汽化
   答案：D

37. 开启氯瓶前，要检查氯瓶放置的位置是否正确，保证出口朝( )。
   A. 上　　　　B. 下　　　　C. 斜下　　　　D. 水平方向
   答案：A

38. 关于危险化学品使用，以下描述不正确的是( )。
   A. 搬动药品时必须轻拿轻放
   B. 严禁摔、翻、掷、抛、拖拽、摩擦或撞击，但可以滚动
   C. 作业人员在每次操作完毕后，应立即用肥皂彻底清洗手、脸，并用清水漱口
   D. 做好相应的防挥发、防泄漏、防火、防盗等预防措施，应有处理泄漏、着火等应急保障设施
   答案：B

39. 需要用手测量零件，或进行润滑、清扫杂物等，在必须进行时，应首先( )。
   A. 寻找人员监护
   B. 关停机械设备
   C. 设置设备慢运行
   D. 佩戴劳动防护用品
   答案：B

40.《中华人民共和国突发事件应对法》将( )定义为突然发生，造成或者可能造成严重社会危害，需要采取应急处置措施予以应对的自然灾害、事故灾难、公共卫生事件和社会安全事件。
   A. 紧急事件　　　　B. 突发事件　　　　C. 突发事故　　　　D. 突发情况
   答案：B

41. ( )是指生产经营单位应急预案体系的总纲，主要从总体上阐述事故的应急工作原则，包括生产经营单位的应急组织机构及职责、应急预案体系、事故风险描述、预警及信息报告、应急响应、保障措施、应急预案管理等内容。
   A. 综合应急预案
   B. 专项应急预案
   C. 现场处置方案
   D. 安全操作规程

答案：A

42. (　　)是指反映应急救援工作的优先方向、政策、范围和总体目标(如保护人员安全优先,防止和控制事故蔓延优先,保护环境优先),体现预防为主、常备不懈、统一指挥、高效协调以及持续改进的思想。
A. 方针与原则　　　　B. 应急策划　　　　C. 应急准备　　　　D. 应急响应
答案：A

43. (　　)是指依法编制应急预案,满足应急预案的针对性、科学性、实用性与可操作性的要求。
A. 方针与原则　　　　B. 应急策划　　　　C. 应急准备　　　　D. 应急响应
答案：B

44. (　　)是指根据应急策划的结果,主要针对可能发生的应急事件,做好各项准备工作。
A. 方针与原则　　　　B. 应急策划　　　　C. 应急准备　　　　D. 应急响应
答案：C

45. (　　)是指在事故险情、事故发生状态下,在对事故情况进行分析评估的基础上,有关组织或人员按照应急救援预案所采取的应急救援行动。
A. 方针与原则　　　　B. 应急策划　　　　C. 应急准备　　　　D. 应急响应
答案：D

46. 《国家突发事件总体应急预案》提出的工作原则中,(　　)是指以落实实践科学发展观为准绳,把保障人民群众生命财产安全,最大限度地预防和减少突发事件所造成的损失作为首要任务。
A. 以人为本,安全第一原则　　　　B. 统一领导,分级负责原则
C. 依靠科学,依法规范原则　　　　D. 预防为主,平战结合原则
答案：A

47. 《国家突发事件总体应急预案》中提出的工作原则中,(　　)是指在本单位领导统一组织下,发挥各职能部门作用,逐级落实安全生产责任,建立完善的突发事件应急管理机制。
A. 以人为本,安全第一原则　　　　B. 统一领导,分级负责原则
C. 依靠科学,依法规范原则　　　　D. 预防为主,平战结合原则
答案：B

48. 应急响应是在事故险情、事故发生状态下,在对事故情况进行分析评估的基础上,有关组织或人员按照应急救援预案所采取的应急救援行动。应急响应不包括(　　)。
A. 公众知识的培训　　B. 应急人员安全　　C. 警戒与治安　　D. 指挥与控制
答案：A

49. 窒息的主要原因是有限空间内(　　)含量过低。
A. 氮气　　　　B. 一氧化碳　　　　C. 二氧化碳　　　　D. 氧
答案：D

50. 发生人员有毒有害气体中毒后,报警内容中应包括(　　)。
A. 单位名称、详细地址　　　　　　B. 发生中毒事故的时间、报警人及联系电话
C. 有毒有害气体的种类、危险程度　D. 以上全部包括
答案：D

51. 关于溺水后救护的要点,以下不正确的是(　　)。
A. 救援人员必须正确穿戴救援防护用品后,确保安全后方可进入施救,以免盲目施救发生次生事故
B. 迅速将伤者移至救助人员较多的地点
C. 判断伤者意识、心跳、呼吸、脉搏
D. 清理口腔及鼻腔中的异物
答案：B

52. 关于溺水后救护的要点,以下不正确的是(　　)。
A. 判断伤者意识、心跳、呼吸、脉搏
B. 清理口腔及鼻腔中的异物
C. 等待救护人员到位后进行施救

D. 搬运伤者过程中要轻柔、平稳，尽量不要拖拉、滚动

答案：C

53. 以下关于人员急救不正确的是（　　）。

A. 对意识清醒患者实施保暖措施，进一步检查患者，尽快送医治疗

B. 对意识丧失但有呼吸心跳患者实施人工呼吸

C. 确保保暖，避免呕吐物堵塞呼吸道

D. 对有心跳患者实施心肺复苏术

答案：D

54. 用水蒸气、惰性气体（如二氧化碳、氮气等）充入燃烧区域进行灭火的方法是（　　）。

A. 冷却灭火法　　　B. 隔离灭火法　　　C. 窒息灭火法　　　D. 抑制灭火法

答案：C

55. （　　）灭火器适用于扑灭易燃、可燃液体、气体及带电设备的初起火灾，还可扑救固体类物质的初起火灾，但不能扑救金属燃烧火灾。

A. 空气泡沫　　　B. 手提式干粉　　　C. 二氧化碳　　　D. 酸碱

答案：B

56. 灭火时，操作者应对准火焰（　　）扫射。

A. 上部　　　B. 中部　　　C. 根部　　　D. 中上部

答案：C

57. （　　）灭火器，适用于扑灭精密仪器、电子设备、珍贵文件、小范围的油类等引发的火灾，但不宜用于扑灭金属钾、钠、镁等引起的火灾。

A. 空气泡沫　　　B. 手提式干粉　　　C. 二氧化碳　　　D. 酸碱

答案：C

58. 以下区域可能是有限空间的是（　　）。

A. 员工宿舍　　　B. 办公室　　　C. 配电室　　　D. 污泥储存或处理设施

答案：D

59. 为保证设备操作者的安全，设备照明灯的电压应选（　　）。

A. 380V　　　B. 220V　　　C. 110V　　　D. 36V 以下

答案：D

二、多选题

1. 危险源的有效防范应利用（　　）消除、控制危险源，防止危险源导致事故发生，造成人员伤害和财产损失。

A. 工程技术控制　　　B. 个人行为控制　　　C. 安全教育培训

D. 管理手段　　　E. 日常安全检查

答案：ABD

2. 有限空间内有毒有害气体物质主要来自于（　　）。

A. 存储的有毒化学品残留、泄漏或挥发

B. 某些生产过程中有物质发生化学反应，产生有毒物质，如有机物分解产生硫化氢

C. 某些相连或接近的设备或管道的有毒物质渗漏或扩散

D. 作业过程中引入或产生有毒物质，如焊接、喷漆或使用某些有机溶剂进行清洁

E. 因通风使有毒气体扩散

答案：ABCD

3. 有限空间作业必须配备个人防中毒、窒息等防护装备，设置安全警示标识，严禁无防护监护措施作业。现场要备足救生用的安全带、防毒面具、空气呼吸器等防护救生器材，并确保器材处于有效状态。安全防护装备包括：（　　）、应急救援设备和个人防护用品。

A. 作业指导书　　　B. 通风设备　　　C. 照明设备　　　D. 通讯设备

答案：BCD

4. 危险化学品使用人员必须做到( )。
   A. 了解危险化学品的特性　　　　　　　　B. 正确穿戴、使用各种安全防护用品用具
   C. 做好个人安全防护工作　　　　　　　　D. 严格按照危险化学品操作规程操作
   答案：ABCD

5. 受阳光照射容易发生燃烧、爆炸的危险化学品，( )。
   A. 不得存放在高温的地方　　　　　　　　B. 必要时还应该采取降温措施
   C. 必要时还应该采取隔热措施　　　　　　D. 不得存放在露天的地方
   答案：ABCD

6. 关于藉物救援，以下描述正确的有( )。
   A. 其指救援者直接向落水者伸手将淹溺者拽出水面的救援方法
   B. 救援者应尽量站在远离水面同时又能够到淹溺者的地方，将可延长距离的营救物如树枝、木棍、竹竿等物送至落水者前方，并嘱其牢牢握住
   C. 适用于营救者与淹溺者的距离较近（数米之内）同时淹溺者还清醒的情况
   D. 应避免坚硬物体给淹溺者造成伤害，应从淹溺者身侧横向移动交给溺者，不可直接伸向淹溺者胸前，以防将其刺伤
   答案：BCD

7. 人员受伤后的处理，以下描述正确的有( )。
   A. 当伤口很深、流血过多时，应该立即止血
   B. 如果条件不足，一般用手直接按压可以快速止血
   C. 如果条件允许，可以在伤口处放一块干净、吸水的毛巾，然后用手压紧
   D. 不可以清水清理伤口
   答案：ABC

8. 关于高处坠落事故应急措施，以下描述正确的有( )。
   A. 发生高空坠落事故后，现场知情人应当立即采取措施，切断或隔离危险源，防止救援过程中发生次生灾害
   B. 当发生人员轻伤时，现场人员应采取防止受伤人员大量失血、休克、昏迷等紧急救护措施
   C. 遇有创伤性出血的伤员，应迅速包扎止血，使伤员保持在脚低头高的卧位，并注意保暖
   D. 如果伤者处于昏迷状态但呼吸心跳未停止，应立即进行口对口人工呼吸，同时进行胸外心脏按压。昏迷者应平卧，面部转向一侧，维持呼吸道通畅，以防舌根下坠或分泌物、呕吐物吸入，发生喉阻塞
   答案：ABD

9. 化验室必须建立危险化学品、剧毒物等管理制度，该类化学品的( )必须有严格的手续。
   A. 申购　　　　　　B. 储存　　　　　　C. 领取　　　　　　D. 使用和销毁
   答案：ABCD

10. 小张作为新入职的污水处理工，上岗前水厂对其进行安全教育，教育内容包括其岗位所接触的危险源。污水处理厂主要的危险源包括( )。
    A. 有毒有害气体中毒与窒息　　　　　　B. 起重伤害　　　　　　C. 触电
    D. 高空跌落　　　　　　E. 溺水
    答案：ABDE

11. 消毒作业场所可能涉及的危险化学品有( )。
    A. 次氯酸钠　　　　B. 柠檬酸　　　　C. 臭氧　　　　D. 氯气
    答案：CD

12. 以下可与空气能形成爆炸性混合物的气体是( )。
    A. 氮气　　　　　　B. 甲烷　　　　　　C. 一氧化碳　　　　D. 氢气
    答案：BCD

13. 以下属于遇水或受潮时，发生剧烈化学反应，放出大量的易燃气体和热量的物质是( )。

A. 钙   B. 钾   C. 钠   D. 铝

答案：BC

14. 危险化学品是指具有(　　)、助燃等性质，对人体、设施、环境具有危害的剧毒化学品和其他化学品。

A. 毒害   B. 腐蚀   C. 爆炸   D. 燃烧

答案：ABCD

15. 下列属于污水处理厂内可能发生中毒窒息事故的场所的是(　　)。

A. 鼓风机房   B. 格栅间   C. 排水管道   D. 配电间   E. 水渠

答案：BCE

16. 职工应履行义务，在发现事故隐患和不安全因素后，及时向(　　)报告。

A. 现场安全生产管理人员   B. 上级领导   C. 单位负责人

D. 班组长   E. 任何管理人员

答案：AC

17. 以下属于污水处理厂常见有限空间的是(　　)。

A. 竖井   B. 下水道泵站   C. 格栅间   D. 污泥储存或处理设施

答案：ABCD

18. 进入重点防火防爆区禁止(　　)，重点部位设置防火器材。

A. 携带火种   B. 携带打火机   C. 穿铁钉鞋

D. 穿有静电工作服   E. 长发人员进入

答案：ABCD

19. 《中华人民共和国突发事件应对法》将突发事件定义为突然发生，造成或者可能造成严重社会危害，需要采取应急处置措施予以应对的(　　)。

A. 自然灾害   B. 事故灾难   C. 公共卫生事件   D. 社会安全事件

答案：ABCD

20. 膜清洗作业场所可能涉及的危险化学品有(　　)。

A. 次氯酸钠   B. 柠檬酸   C. 臭氧   D. 氢氧化钠

答案：ABD

21. 《化学品安全标签编写规定》中规定，安全标签是用(　　)的组合形式，表示化学品所具有的危险性和安全注意事项。

A. 编码   B. 图形符号   C. 表格   D. 文字

答案：ABD

22. 下列直接触电防护措施描述正确的是(　　)。

A. 绝缘，即用绝缘的方法来防止触及带电体，不让人体和带电体接触，从而避免发生触电事故

B. 屏护，即用屏障或围栏防止触及带电体，设置的屏障或围栏与带电体距离较近

C. 障碍，即设置障碍以防止无意触及带电体或接近带电体，但不能防止有意绕过障碍去触及带电体

D. 间隔，即保持间隔以防止无意触及带电体

E. 安全标志，使用安全标志是保证安全生产预防触电事故的重要措施

答案：ACDE

23. 关于灭火通常采用的方法描述正确的有(　　)。

A. 隔离灭火法是将燃烧物与附近可燃物隔离或者疏散开，从而使燃烧停止

B. 将火源附近的易燃易爆物质转移到安全地点是采用隔离灭火法

C. 关闭设备或管道上的阀门，阻止可燃气体、液体流入燃烧区是采用隔离灭火法

D. 排除生产装置、容器内的可燃气体、液体，阻拦、疏散可燃液体或扩散的可燃气体是采用隔离灭火法

答案：ABCD

24. 灭火器主要有(　　)。

A. 水型灭火器   B. 空气泡沫灭火器   C. 干粉灭火器   D. 二氧化碳灭火器

答案：ABCD

25. 火灾逃生自救应注意（　　）。
A. 火灾袭来时要迅速逃生，不要贪恋财物
B. 平时就要了解掌握火灾逃生的基本方法，熟悉几条逃生路线
C. 受到火势威胁时，要当机立断披上浸湿的衣物、被褥等向安全出口方向冲出去
D. 穿过浓烟逃生时，要尽量使身体贴近地面，并用湿毛巾捂住口鼻
答案：ABCD

26. 生产企业在货物出厂前安全标签（　　）在包装或容器的明显位置。
A. 粘贴　　　　　B. 无须　　　　　C. 挂拴　　　　　D. 喷印
答案：ACD

27. 国务院发布的《国家突发事件总体应急预案》中提出的工作原则包括（　　）。
A. 以人为本，安全第一原则　　　　　B. 统一领导，分级负责原则
C. 依靠科学，依法规范原则　　　　　D. 预防为主，平战结合原则
答案：ABCD

三、简答题

1. 常见的触电原因有哪些？
答：(1)违章冒险；(2)缺乏电气知识；(3)无意触摸绝缘损坏的带电导线或金属体。

2. 发生电火警怎么办？
答：(1)先切断电源；(2)用1211或二氧化碳灭火器灭火；灭火时不要触及电气设备，尤其要注意落在地上的电线，防止触电事故的发生并及时报警。

3. 电气火灾事故的一般处理方法有哪些？
答：(1)关闭电源开关，切断电源；用稀土、沙土、干粉灭火器、二氧化碳灭火器进行灭火。
(2)对于无法切断电源的带电火灾，必须带电灭火时，应当优选二氧化碳、干粉等灭火剂灭火，另外，灭火人员应穿戴绝缘胶鞋、手套或绝缘服；如水枪安装接地线的情况下，可以采用喷雾水或直流水灭火。

第二节　理论知识

一、单选题

1. 以下选项中不属于化学反应的是（　　）。
A. 中和反应　　　B. 氧化还原反应　　　C. 核反应　　　D. 混凝反应
答案：C

2. 硫酸铝湿式投加时一般采用（　　）的浓度（按商品固体质量计算）。
A. 5%～10%　　　B. 10%～20%　　　C. 20%～30%　　　D. 30%～40%
答案：B

3. 下列物质中，（　　）的氧化性很强，对水中有机物有强烈的氧化降解作用，但其本身性质不稳定。
A. 纯氧　　　B. 臭氧　　　C. 氯气　　　D. 高锰酸钾
答案：B

4. 作为水质指标，COD属于（　　）指标。
A. 生物性　　　B. 物理性　　　C. 化学性　　　D. 物理生物性
答案：C

5. 测定水中有机物的含量，通常用（　　）指标来表示。
A. TOC　　　B. SVI　　　C. BOD　　　D. MLSS
答案：C

6. （　　）指硝酸盐被还原成氨和氮的作用。

A. 反硝化 B. 硝化 C. 上浮 D. 氨化

答案：A

7. 生物化学需氧量表示污水及水体被（　　）污染的程度。

A. 悬浮物 B. 挥发性固体 C. 无机物 D. 有机物

答案：D

8. 活性污泥在厌氧状态下（　　）。

A. 吸收磷酸盐 B. 释放磷酸盐 C. 分解磷酸盐 D. 生成磷酸盐

答案：B

9. 生物除磷最终主要通过（　　）将磷从系统中去除。

A. 氧化分解 B. 吸收同化 C. 排放剩余污泥 D. 气体挥发

答案：C

10. 后生动物在活性污泥中出现，说明（　　）。

A. 污水净化作用不明显 B. 水处理效果较好
C. 水处理效果不好 D. 大量出现，水处理效果更好

答案：B

11. 自养型细菌合成不需要的营养物质是（　　）。

A. 二氧化碳 B. 铵盐 C. 有机碳化物 D. 硝酸盐

答案：C

12. （　　）是活性污泥在组成和净化功能上的中心，是微生物的主要成分。

A. 细菌 B. 真菌 C. 原生动物 D. 后生动物

答案：A

13. 活性污泥法净化污水的主要承担者是（　　）。

A. 真菌 B. 细菌 C. 原生动物 D. 后生动物

答案：B

14. 按所需碳源的差异，参与污水生物处理过程的功能微生物可分为（　　）。

A. 厌氧菌与好氧菌 B. 硝化菌与反硝化菌
C. 聚磷菌与非聚磷菌 D. 异养菌与自养菌

答案：D

15. 污废水生物性质及指标有（　　）。

A. 表征大肠菌群数与大肠菌群指数 B. 病毒
C. 细菌指数 D. 大肠菌群数与大肠菌群指数、病毒及细菌指数

答案：D

16. 下列环境因子对活性污泥微生物无影响的是（　　）。

A. 营养物质 B. 酸碱度 C. 湿度 D. 毒物浓度

答案：C

17. 关于厌氧氨氧化菌，下列说法不符合文意的是（　　）。

A. CO_2是厌氧氨氧化菌的唯一碳源，有机物会完全抑制其活性
B. CO_2是厌氧氨氧化菌的唯一碳源，有机物对厌氧氨氧化菌的抑制主要依赖于浓度
C. 厌氧氨氧化菌是严格厌氧菌，敏感
D. 高浓度的NO_2^--N会抑制微生物活性

答案：A

18. AOE工艺内环（A区）是（　　）。

A. 前置厌氧段 B. 好氧硝化段 C. 内源反硝化段 D. 后置厌氧段

答案：A

19. AOE工艺中间环（O区）是（　　）。

A. 前置厌氧段 B. 好氧硝化段 C. 内源反硝化段 D. 后置厌氧段

答案：B

20. AOE 工艺外环(E 区)是( )。
A. 前置厌氧段　　　B. 好氧硝化段　　　C. 内源反硝化段　　　D. 后置好氧段
答案：C

21. 生物滤池属于( )。
A. 生物膜法　　　B. 活性污泥法　　　C. 物理法　　　D. 化学法
答案：A

22. 《污水综合排放标准》(GB 8978—1996)中规定的污水生物指标是( )。
A. 炭疽菌　　　B. 大肠菌群数　　　C. 病毒　　　D. 病原菌
答案：B

23. 城市污水常用的生物处理方法是( )。
A. 活性污泥法　　　B. 筛滤截留　　　C. 重力分离　　　D. 离心分离
答案：A

24. 滤料表面截留悬浮颗粒的主要机理是( )。
A. 化学反应　　　B. 碰撞　　　C. 黏附　　　D. 筛滤
答案：D

25. 下列( )为筛滤截留法的设备和构筑物。
A. 沉砂池　　　B. 离心机　　　C. 旋流分离器　　　D. 筛网
答案：D

26. 气浮法属于( )。
A. 物理处理法　　　B. 化学处理法　　　C. 生物化学处理法　　　D. 综合法
答案：A

27. 下列关于中和反应的说法错误的是( )。
A. 中和反应要放出热量
B. 中和反应一定有盐生成
C. 中和反应一定有水生成
D. 酸碱中和反应完全后溶液的 pH = 0
答案：D

28. 下列构筑物属于生化池的是( )。
A. 澄清池　　　B. 沉砂池　　　C. A/O 池　　　D. 中和池
答案：C

29. 污水处理方法从流程上和工艺组合上应遵循( )的原则。
A. 先易后难，先简后繁
B. 先难后易，先简后繁
C. 先易后难，先繁后简
D. 先难后易，先繁后简
答案：A

30. 好氧活性污泥中的微生物主要由( )组成。
A. 病菌　　　B. 原生动物　　　C. 后生动物　　　D. 细菌
答案：D

31. 一级处理主要采用( )。
A. 物理方法　　　B. 化学方法　　　C. 生物方法　　　D. 生物化学方法
答案：A

32. 沉砂池属于( )。
A. 深度处理　　　B. 三级处理　　　C. 二级处理　　　D. 一级处理
答案：D

33. 二级处理去除对象主要是( )。
A. 无机物　　　B. 悬浮物　　　C. 胶体物质　　　D. 有机物质、氮和磷
答案：D

34. ( )是硝化细菌将 $NH_4^+ - N$ 氧化成 $NO_3^- - N$ 的过程。

A. 硝化作用 B. 氨化作用 C. 反硝化作用 D. 厌氧氨氧化作用
答案：A

35. 原污水中的氮几乎全部以( )形式存在。
A. 有机氮和氨氮 B. 有机氮和亚硝态氮
C. 有机氮和硝态氮 D. 无机氮
答案：A

36. 活性污泥处理污水起作用的主体是( )。
A. 水质水量 B. 微生物 C. 溶解氧 D. 污泥浓度
答案：B

37. 集水井的格栅一般采用( )。
A. 中格栅 B. 细格栅 C. 粗格栅 D. 一半粗一半细的格栅
答案：C

38. 泵站通常是由( )等组成。
A. 泵房 B. 集水池 C. 水泵 D. 泵房、集水池及水泵
答案：D

39. 生活污水中杂质以( )最多。
A. 无机物 B. 悬浮物(SS) C. 有机物 D. 有毒物质
答案：C

40. 活性污泥法的微生物生长方式是( )。
A. 悬浮生长型 B. 固着生长型 C. 混合生长型 D. 以上都不是
答案：A

41. BOD_5 指标是反映污水中( )污染物的浓度。
A. 无机物 B. 有机物 C. 固体物 D. 胶体物
答案：B

42. 活性污泥处理污水起作用的主体是( )。
A. 水质水量 B. 微生物 C. 溶解氧 D. 污泥浓度
答案：B

43. 城市污水一般用( )法来进行处理。
A. 物理 B. 化学 C. 生物 D. 物化
答案：C

44. 污水的物理处理法是利用物理作用分离污水中主要呈( )污染物质。
A. 漂浮固体状态 B. 悬浮固体状态 C. 挥发性固体状态 D. 有机状态
答案：B

45. 生物法主要用于( )。
A. 一级处理 B. 二级处理 C. 深度处理 D. 特种处理
答案：B

46. 二级处理主要采用( )。
A. 物理法 B. 化学法 C. 物理化学法 D. 生物法
答案：D

47. TOC 是指( )。
A. 总需氧量 B. 生化需氧量 C. 化学需氧量 D. 总有机碳含量
答案：D

48. AB 法中 B 段主要作用为( )。
A. 均匀水质 B. 沉淀排水 C. 吸附氧化 D. 生物降解
答案：D

49. SBR 法的( )是指停止曝气或搅拌，实现固液分离。

A. 进水工序　　　B. 沉淀工序　　　C. 排放工序　　　D. 限制待机工序
答案：B

50. 污水物理指标不包括( )。
A. pH　　　B. 温度　　　C. 色度　　　D. 臭味
答案：A

51. 酸碱污水采取的中和处理属于废水的( )处理。
A. 一级　　　B. 二级　　　C. 三级　　　D. 深度
答案：A

52. BOD_5是( )温度和5天时间内培养好氧微生物降解有机物所需要的氧量。
A. 15℃　　　B. 20℃　　　C. 25℃　　　D. 30℃
答案：B

53. 二级处理的主要处理对象是处理( )有机污染物。
A. 悬浮状态　　　B. 胶体状态　　　C. 溶解状态　　　D. 胶体、溶解状态
答案：D

54. 序批式活性污泥法的特点是( )。
A. 生化反应分批进行　　　B. 有二沉池　　　C. 污泥产率高　　　D. 脱氮效果差
答案：A

55. 在城市生活污水的典型处理流程中，格栅、沉淀、气浮等方法属于( )。
A. 物理处理　　　B. 化学处理　　　C. 生物处理　　　D. 深度处理
答案：A

56. 城镇污水处理基本上以( )为基础，强化可生物降解有机物的代谢机能和氮磷营养物的去除，从而达到改善水质的目的。
A. 机械处理　　　B. 物理处理　　　C. 生物处理　　　D. 化学处理
答案：C

57. 再生水的回用去向不包括( )。
A. 景观用水　　　B. 市政杂用水　　　C. 工业冷却水　　　D. 饮用水源
答案：D

58. 好氧微生物生长的适宜pH范围是( )。
A. 4.5~6.5　　　B. 6.5~8.5　　　C. 8.5~10.5　　　D. 10.5~12.5
答案：B

59. 废水治理的方法有物理法、( )法和生物化学法等。
A. 化学　　　B. 过滤　　　C. 沉淀　　　D. 结晶
答案：A

60. 水体富营养化的征兆是( )的大量出现。
A. 绿藻　　　B. 蓝藻　　　C. 硅藻　　　D. 鱼类
答案：B

61. 原生动物通过( )可减少曝气池剩余污泥。
A. 捕食细菌　　　B. 分解有机物　　　C. 氧化污泥　　　D. 抑制污泥增长
答案：A

62. 污水中的有机氮通过微生物氨化作用后，主要产物为( )。
A. 蛋白质　　　B. 氨基酸　　　C. 氨氮　　　D. 氮气
答案：C

63. 活性污泥在厌氧状态下( )。
A. 吸收磷酸盐　　　B. 释放磷酸盐　　　C. 分解磷酸盐　　　D. 生成磷酸盐
答案：B

64. ( )指还原硝酸盐，释放出分子氮的作用。

A. 反硝化 B. 硝化 C. 脱氮 D. 上浮
答案：C

65. 用厌氧还原法处理污水，一般解决( )污水。
A. 简单有机物 B. 复杂有机物 C. 低浓度有机物 D. 高浓度有机物
答案：D

66. 作为水质指标，COD属于( )指标。
A. 生物性 B. 物理性 C. 化学性 D. 物理生化性
答案：C

67. 生化需氧量指标的测定，水温对生物氧化反应速度有很大影响，一般以( )为标准。
A. 常温 B. 10℃ C. 30℃ D. 20℃
答案：D

68. 活性污泥净化废水主要阶段为( )。
A. 黏附 B. 有机物分解和有机物合成
C. 吸附 D. 有机物分解
答案：B

69. 一般情况下，污水的可生化性取决于( )。
A. BOD_5/COD 的值 B. BOD_5/TP 的值 C. DO/BOD_5 的值 D. DO/COD 的值
答案：A

70. 普通活性污泥法曝气池前端污泥负荷( )末端污泥负荷。
A. 等于 B. 大于 C. 小于 D. 不确定
答案：B

71. 下列不属于消毒剂的是( )。
A. 聚合氯化铁 B. 次氯酸钠 C. 漂白粉 D. 臭氧
答案：A

72. 采用大量的微小气泡附着在污泥颗粒的表面，从而使污泥颗粒的相对密度降低而上浮，实现泥水分离的目的的浓缩方法被称为( )。
A. 重力浓缩法 B. 机械浓缩法 C. 气浮浓缩法 D. 曝气浓缩法
答案：C

73. 以下污水处理技术，属于物理处理法的是( )。
A. 离子交换 B. 混凝 C. 反渗透法 D. 好氧氧化
答案：C

74. 水样采集是要通过采集( )的一部分来反映被采样体的整体全貌。
A. 很少 B. 较多 C. 有代表性 D. 数量一定
答案：A

75. 污泥回流的目的主要是保持曝气池中( )。
A. MLSS B. DO C. MLVSS D. SVI
答案：A

76. 预处理工艺流程通常包括( )、进水提升泵、曝气沉砂池等。
A. 格栅 B. 二沉池 C. 生物池 D. 计量槽
答案：A

77. 平流式沉砂池由入流渠、出水渠、闸板、水流部分及( )组成。
A. 刮板 B. 刮泥机 C. 进水渠 D. 沉砂斗
答案：D

78. 生物硝化系统曝气池的水力停留时间一般也较传统活性污泥工艺长，至少应在( )h以上。
A. 6 B. 7 C. 8 D. 9
答案：C

79. TKN 是指水中有机氮与( )之和。
A. 氨氮   B. 亚硝态氮   C. 硝态氮   D. 蛋白质
答案：A

80. NH_3-N 浓度 >( )mg/L 时，会对硝化过程产生抑制，但城市污水中一般不会有如此高的氨氮浓度。
A. 100   B. 200   C. 500   D. 1000
答案：B

81. 在( )的范围内，硝化菌能进行正常的生理代谢活动，并随温度的升高生物活性增大。
A. 0~30℃   B. 15~35℃   C. 20~45℃   D. 5~35℃
答案：D

82. 生物的反硝化作用是指污水中硝酸盐在( )条件下被微生物还原成氮气的反应过程。
A. 好氧   B. 厌氧   C. 微好氧   D. 缺氧
答案：D

83. 絮体沉降的速度与沉降时间之间的关系是( )。
A. 沉降时间与沉降速度成正比   B. 一段时间后，沉降速度一定
C. 沉降速度一定   D. 沉降时间与沉降速度成反比
答案：D

84. pH 对磷的释放和吸收有不同的影响，在 pH 等于( )时，磷的释放速率最快。
A. 3   B. 4   C. 5   D. 6
答案：B

85. 沉砂池的功能是从污水中分离( )较大的无机颗粒。
A. 比重   B. 重量   C. 颗粒直径   D. 体积
答案：A

86. 初沉池的污泥与剩余污泥相比较，主要特点是( )。
A. 无机成分多，颗粒也大，因此容易浓缩
B. 无机成分多，颗粒也小，因此不易浓缩
C. 无机成分少，颗粒也大，因此容易浓缩
D. 污泥成分少，颗粒也小，因此不易浓缩
答案：A

87. 原生动物通过( )可减少曝气池剩余污泥。
A. 捕食细菌   B. 分解有机物   C. 氧化污泥   D. 抑制污泥增长
答案：A

88. 活性污泥在厌氧状态下( )磷酸盐。
A. 吸收   B. 释放   C. 分解   D. 生成
答案：B

89. 总凯氏氮(TKN)不包括( )。
A. 氨氮   B. 亚硝酸盐氮、硝酸盐氮
C. 有机氮   D. 氨氮、有机氮
答案：B

90. 碳源种类众多，包括甲醇、醋酸钠、乙酸等，其中( )应用较为广泛，且成功调试案例最多。
A. 乙酸   B. 甲醇   C. 丙酸   D. 醋酸钠
答案：B

91. 由于丝状菌( )，当其在污泥中占优势生长时会阻碍絮粒间的凝聚。
A. 相对密度大   B. 活性高   C. 比表面积大   D. 种类单一
答案：C

92. 流量是指单位时间内通过某一截面的物料数量。流量的单位是( )。
A. m/h   B. m^2/h C. $m^3/(m^2·h)$ D. m^3/h

93. 国际单位制中基本单位的表示符号正确的是( )。
A. 米的表示符号 M
B. 秒的表示符号 S
C. 安培的表示符号 a
D. 千克的表示符号 kg
答案：D

94. 污泥指数的单位一般用( )表示。
A. mg/L　　　　B. d　　　　C. mL/g　　　　D. s
答案：C

95. 臭味的测定方法是( )。
A. 气相色谱法　　B. 人的嗅觉器官判断　　C. 稀释法　　D. 吸附—气相色谱法
答案：B

96. 污泥按来源可分为多种,其中须经消化处理的污泥在消化前称为( )。
A. 剩余活性污泥　　B. 化学污泥　　C. 熟污泥　　D. 生污泥
答案：D

97. 甲烷细菌最适宜的 pH 范围是( )。
A. 6.5~7.5　　B. 6.8~7.2　　C. 6~9　　D. 7.2~8.5
答案：B

98. 正常情况下,废水经二级处理后,BOD 去除率可达( )以上。
A. 30%　　B. 50%　　C. 70%　　D. 90%
答案：D

99. 测定水中有机物的含量,通常用( )指标来表示。
A. TOC　　B. SVI　　C. BOD_5　　D. MLSS
答案：C

100. 在过滤过程中,水中的污染物颗粒主要通过( )作用被去除。
A. 沉淀　　B. 氧化　　C. 筛滤　　D. 离心力
答案：C

101. 曝气池混合液的污泥来自回流污泥,混合液的污泥浓度( )回流污泥浓度。
A. 相等于　　B. 高于　　C. 不可能高于　　D. 基本相同于
答案：C

102. 曝气池供氧的目的是提供给微生物( )的需要。
A. 分解有机物　　B. 分解无机物　　C. 呼吸作用　　D. 分解氧化
答案：A

103. 污水中总固体量(TS)是把一定量水样在温度为( )的烘箱中烘干至恒重所得的重量。
A. 100~105℃　　B. 105~110℃　　C. 110~115℃　　D. 180℃以上
答案：B

二、多选题

1. 影响混凝效果的主要因素包括( )。
A. 水温
B. pH
C. 水中杂质的成分、性质和浓度
D. 水力条件
答案：ABCD

2. 从机理来看,水体自净是由( )组成。
A. 物理净化过程　　B. 化学过程　　C. 物理化学过程　　D. 生物净化过程
答案：ABCD

3. 流入曝气池的有机物主要由( )分解去除。
A. 好氧细菌　　B. 兼氧细菌　　C. 真菌　　D. 原生动物

答案：AB

4. 废水生物处理体系中微生物对含氮有机物的降解和转化作用主要包括（   ）。
   A. 氨化作用   B. 硝化作用   C. 反硝化作用   D. 消化作用
   答案：ABC

5. 下列属于滤池系统组成部分的有（   ）。
   A. 滤床   B. 反冲洗水泵   C. 搅拌机   D. 承托层
   答案：ABD

6. 普通生物滤池的缺点有（   ）。
   A. 占地面积大，不适用于处理量大的污水   B. 填料易于堵塞
   C. 容易产生滤池蝇，恶化环境卫生   D. 喷嘴喷洒污水，散发臭味
   答案：ABCD

7. 普通生物滤池的优点有（   ）。
   A. 处理效果良好，BOD_5的去除率可达95%以上   B. 运行稳定
   C. 易于管理   D. 节省能源
   答案：ABCD

8. 城镇污水处理厂新建、扩建工程中，以下属于工艺技术方案制定的关键环节，也是工程投资与运行费用高低、达标可能性及运行稳定性的决定性因素的是（   ）。
   A. 进水水质水量特性分析   B. 出水水质标准确定
   C. 水温的变化   D. 地理位置
   答案：AB

9. 厌氧氨氧化反应影响因素包括（   ）。
   A. 氨氮   B. 亚硝酸盐氮   C. 氧气   D. 有机物
   答案：ABCD

10. 以下关于AOE工艺的说法正确的是（   ）。
    A. AOE工艺内环（A区）是前置厌氧段，中间环（O区）是好氧硝化段，外环（E区）是内源反硝化段
    B. 废水首先进入A区，水中的有机物进行初步的降解，水中的硝酸盐进行反硝化反应
    C. A区的混合污水通过溢流口进入O区，硝化细菌将流入O区的污水中的有机氮转换成氨氮，并通过硝化反应生成硝酸盐和水
    D. O区的混合液通过池底的通道进入E区，进入E区的有机物浓度很低
    答案：ABCD

11. 以下属于城镇污水处理新技术的是（   ）。
    A. 厌氧氨氧化技术   B. 好氧颗粒污泥技术   C. AOE工艺   D. 生物滤池
    答案：ABCD

12. 大气氮循环过程包括（   ）。
    A. 固氮作用   B. 好氧硝化作用   C. 厌氧氨氧化作用   D. 氨化作用
    答案：ABCD

13. 生物滤池的滤料的材质要求包括（   ）。
    A. 不易堵塞   B. 生物附着性强   C. 强度大   D. 比表面积大
    答案：ABCD

14. 以下关于水污染物排放标准体系说法正确的是（   ）。
    A. 国家环境保护法律体系的重要组成部分
    B. 执行环保法律、法规的重要技术依据
    C. 在环境保护执法和管理上发挥着不可替代的作用
    D. 已成为对水污染物排放进行控制的重要手段
    答案：ABCD

15. 水的物理性水质指标包括（   ）。

A. pH B. 电导率 C. COD D. TS
答案：BD

16. 在污水处理实践中根据受纳水体的水质要求及其他的一些客观情况，生物脱氮除磷可以分成的层次有（　　）。
A. 去除有机氮和氨氮
B. 去除总氮，包括有机氮、氨氮及硝酸盐
C. 去除磷，包括有机磷和无机磷酸盐
D. 去除有机氮和氨氮，并去除磷
答案：ABCD

17. 污水按照来源分类，可分为（　　）。
A. 生活污水 B. 工业废水 C. 初期雨水 D. 地下水渗入
答案：ABCD

18. 生物膜反应器可分为（　　）和生物接触氧化池等。
A. 生物转盘 B. 生物滤池 C. MBR D. UASB
答案：ABC

19. 废水中污染物的（　　）是选择处理工艺的主要因素。
A. 种类 B. 含量 C. 来源 D. 毒性
答案：AB

20. 活性污泥工艺的组成包括（　　）。
A. 曝气池及曝气系统 B. 二沉池 C. 污泥回流系统 D. 剩余污泥排放系统
答案：ABCD

21. 城市污水处理技术，按处理程度划分，可分为（　　）处理。
A. 一级 B. 二级 C. 三级 D. 四级
答案：ABC

22. 下列说法正确的是（　　）。
A. 除了碳以外，氮是有机物中最主要的元素
B. 磷是微生物生长的重要营养元素
C. 处理生活污水一般不需要另外补充磷营养源
D. 过多的碳进入水体，将引起水体富营养化
答案：ABC

23. 下列属于活性污泥法工艺形式的是（　　）。
A. 阶段曝气法 B. 氧化沟 C. 生物接触氧化法 D. 表面曝气法
答案：ABD

24. 好氧池的处理功能包括（　　）。
A. 完成有机物的充分降解
B. NH_3-N 的生物硝化
C. 磷的生物吸收
D. 去除 SS 中的无机组分
答案：ABC

25. 活性污泥中存在的细菌，主要功能菌有（　　）。
A. 异养菌 B. 反硝化菌 C. 自养硝化菌 D. 聚磷菌
答案：ABCD

26. 以下不属于污水化学指标的是（　　）。
A. 电导率 B. 固体含量 C. 化学需氧量 D. pH
E. 重金属有毒物质 F. 大肠菌群数 G. 总有机碳
答案：ABF

27. 测定水中微量有机物的含量，通常用（　　）指标来说明。
A. BOD_5 B. COD C. TOC D. DO
答案：AB

28. 下列属于去除水中悬浮态的固体污染物的物理处理法有（　　）。

A. 筛滤法 B. 沉淀法 C. 过滤法 D. 气浮法
答案：ABCD

29. 污水生物脱氮包含的过程有（　　）。
A. 同化过程 B. 硝化过程 C. 异化过程 D. 反硝化过程
答案：ABD

30. A/O 工艺中 O 池主要对污水进行（　　）。
A. 反硝化脱氮 B. 氨氮硝化 C. 有机物碳化 D. 产生碱度
答案：BC

31. A/O 系统称为硝化—反硝化系统，由（　　）段组成，具有普通活性污泥法的特点，又具有较高的脱氮功能。
A. 缺氧段 B. 好氧段 C. 沉淀段 D. 混合段
答案：ABC

32. 预处理主要包括（　　）等处理设施。
A. 格栅 B. 筛网 C. 沉砂池 D. 砂水分离器
答案：ABCD

33. 沉砂池包括（　　）。
A. 平流式沉砂池 B. 曝气沉砂池 C. 钟式沉砂池 D. 砂水分离器
答案：ABC

34. 初沉池能够去除污水中部分（　　）和漂浮物质，均和水质。
A. SS B. 氨氮 C. 无机盐 D. BOD
答案：AD

35. 平流式沉淀池由流入装置、流出装置、缓冲层及（　　）等组成。
A. 流出装置 B. 沉淀区 C. 污泥区 D. 排泥装置
答案：BCD

36. 聚磷菌大多为不动杆菌属，只能摄取有机物中极易分解的部分，如（　　）。
A. 乙酸 B. 丙酸 C. 蛋白质 D. 溶解的葡萄糖
答案：AB

37. 关于曝气沉砂池的设计，下列说法错误的是（　　）。
A. 进水方向与池中旋流方向垂直，出水方向与进水方向垂直
B. 进水方向与池中旋流方向平行，出水方向与进水方向垂直
C. 进水方向与池中旋流方向垂直，出水方向与进水方向平行
D. 进水方向与池中旋流方向平行，出水方向与进水方向平行
答案：ACD

38. 总凯氏氮（TKN）包括（　　）。
A. 氨氮 B. 亚硝酸盐氮 C. 硝酸盐氮 D. 有机氮
答案：AD

39. 沉淀池的形式按水流方向不同，可分为（　　）形式。
A. 平流 B. 辐流 C. 竖流 D. 新型
答案：ABC

40. 曝气池回流系统的控制方式有（　　）。
A. 保持回流量 Q 恒定 B. 保持回流比 R 恒定
C. 保持回流量 Q 及回流比 R 恒定 D. 定期或随时调节回流量 Q 及回流比 R
答案：ABD

41. 二级处理出水中未能达到排放标准的污染指标主要包括（　　）、SS 等。
A. 硝酸盐氮 B. 氨氮 C. 色度 D. 病毒
答案：ABCD

42. 属于废水处理的膜分离技术包括( )。
A. 扩散渗析　　　　B. 电渗析　　　　C. 反渗透　　　　D. 深床滤池
答案：ABC

43. 影响微滤机截留效果的因素很多，不是主要因素的是( )。
A. 粒径　　　　　　B. 浓度　　　　　C. 密度　　　　　D. 形状
答案：ACD

44. 电磁流量计由( )两部分组成。
A. 传感器　　　　　B. 磁场　　　　　C. 转换器　　　　D. 流量显示器
答案：AC

45. 超声波流量计测量类型包括( )。
A. 被动型　　　　　B. 自动型　　　　C. 能动型　　　　D. 压力型
答案：AC

46. 热式气体质量流量计包括( )。
A. 插入式　　　　　B. 管段式　　　　C. 浸没式　　　　D. 管式
答案：AB

47. 最常用的温标有( )。
A. 摄氏温度　　　　B. 华氏温度　　　C. 绝对温度　　　D. 相对温度
答案：ABC

48. 按格栅条间距的大小分类，格栅可分为( )。
A. 粗格栅　　　　　B. 中格栅　　　　C. 大格栅
D. 细格栅　　　　　E. 小格栅
答案：ABD

49. 在典型的生物脱氮除磷系统中，好氧段的功能是进行( )反应。
A. 硝化　　　　　　B. 反硝化　　　　C. 吸磷　　　　　D. 有机物氧化
答案：ACD

三、简答题

1. 影响混凝效果的主要因素有哪些？
答：(1)水温：水温对混凝效果有明显的影响；(2)pH：对混凝的影响程度，视混凝剂的品种而异；(3)水中杂质的成分、性质和浓度；(4)水力条件。

2. 紫外线消毒相较氯消毒的优点有哪些？
答：(1)消毒速度快，效率高；(2)不影响水的物理性质和化学成分，不增加水的臭味；(3)操作简单，便于管理，易于实现自动化。

3. 简述好氧菌去除有机物的机理。
答：有机物先被吸附到细菌的表面，其中中、低分子的有机物直接被摄入菌体内，而高分子有机物则由胞外酶将其小分子化后摄入菌体内。摄入的一部分有机物利用分子态溶解氧，通过好氧呼吸分解成二氧化碳和水。

4. 简述生物脱氮过程的基本步骤。
答：污水生物脱氮处理过程中氮的转化主要包括氨化、硝化和反硝化作用。其中，氨化可在好氧或者厌氧条件下进行，硝化作用是在好氧条件下进行，反硝化作用是在缺氧条件下进行。生物脱氮是含氮化合物经过氨化、硝化、反硝化后，转变为氮气而被去除的过程。

5. 什么是生化需氧量(BOD)指标？
答：生化需氧量(BOD)指标是指在指定的温度和时间段内，在有氧条件下由微生物(主要是细菌)降解水中有机物所需要的氧量。一般采用20℃下5天的BOD作为微量污水中可生物降解有机物的浓度指标。

6. 简述SBR工艺的工作原理，该工艺具有哪些特点？
答：(1)工作原理：SBR工艺即间歇式活性污泥法工艺，又称序批式活性污泥法，是集有机物降解与混合液沉淀于一体的反应器。SBR的间歇运行是通过控制曝气池的运行操作来实现的，其运行操作分为5道工序，分别为进水、反应(曝气)、沉淀、排水、闲置，这5道工序均在曝气池完成。

(2)工艺特点：SBR集有机物降解与混合液沉淀于一体，无须汇流设备，不设沉淀池；SVI值较低，污泥易于沉淀，一般情况下不会产生污泥膨胀现象；具有较好的脱氮、除磷效果；工艺可实现全部自动化控制，运行操作灵活、效果稳定、出水水质好。

7. 颗粒在水中的沉淀类型及其特征是什么？

答：(1)自由沉淀：在沉淀的过程中，悬浮物之间不互相碰撞，颗粒的形状、尺寸和密度在沉淀过程中基本保持不变。

(2)絮凝沉淀：在沉淀的过程中，悬浮物颗粒之间相互凝聚，悬浮物的形状、粒径和密度不断增加，沉降速度也不断增加。

(3)成层沉淀：在沉淀的过程中，悬浮物各自保持自己的相对位置不变，成为一个整体向下沉淀，悬浮物与污水之间形成一个清晰的液—固界面。

(4)压缩沉淀：一般发生在成层沉淀后，上层颗粒在重力的作用下，把下层颗粒间隙中的游离水挤出，使颗粒间更加紧密。通过这种拥挤与自动压缩，污水中的悬浮固体浓度进一步提高。

8. 什么是化学沉淀法？在废水处理中主要去除哪些物质？

答：往水中投加某种化学药剂，使与水中的溶解性物质发生互换反应，生成难溶于水的盐类，形成沉渣，从而降低水中溶解物质的含量。这种方法叫化学沉淀法，在废水处理中主要去除重金属(如 Hg、Zn、Cd、Cr、Pb、Cu 等)和某些非金属(如 As、F 等)离子态污染物。对于危害性极大的重金属废水，虽然有许多种处理方法，但是迄今为止化学沉淀法仍然是最为重要的一种。

9. 在活性污泥法基本流程中，活性污泥法由哪些部分组成？并说明每一部分的作用。

答：活性污泥法由初次沉淀池、曝气池、二沉池、供氧装置以及污泥回流设备等构成。

(1)初次沉淀池作用：去除大部分水中的悬浮物及少量的有机物。

(2)曝气池作用：在曝气池内废水与活性污泥进行充分接触、反应，去除废水中的可降解有机物和部分无机物。

(3)二沉池作用：进行泥水分离，并使活性污泥进行初步浓缩。

(4)供氧装置作用：向曝气池内提供空气。

10. 简述生物除磷的原理。

答：生物除磷的原理即是在厌氧—好氧或者厌氧—缺氧交替运行的系统中，利用聚磷微生物具有厌氧释磷及好氧(或缺氧)超量吸磷的特性，使好氧或缺氧段中混合液磷的浓度大量降低，最终通过排放含有大量富磷污泥而达到从污水中除磷的目的。

11. 简述污水处理方法的组合原则。

答：污水处理方法从流程上和工艺组合上应遵循先易后难、先简后繁的原则。首先，去除大块的垃圾以及漂浮物，然后再依次去除悬浮固体、胶体物质及溶解性物质，即先物理法，再化学法和生化法。某种污水具体采用哪种处理工艺，还要根据污水的水质、水量、经济效益及排放要求等共同决定。必要时还需要进行科学实验，以确定合适工艺。

12. 简述初次沉淀池与二次沉淀池的区别。

答：初次沉淀池与二次沉淀池的区别在于：初次沉淀池一般设置在污水处理厂的沉砂池后、曝气池之前，而二次沉淀池一般设置在曝气池之后、深度处理或排放之前。初次沉淀池是一级污水处理厂的主体构筑物，或作为二级污水处理厂的预处理构筑物设在生物处理构筑物的前面。

13. 简述曝气生物滤池工艺原理。

答：进水经泵房提升后，进入硝化生物滤池，在滤池中进行曝气，通过滤料中附着的好氧微生物，分解氧化水中的氨氮及残留的易降解有机物。因此，经过曝气生物滤池，水中的氨氮、磷及有机物等污染物可得到较好地去除。

14. 简述深床反硝化滤池工艺原理。

答：深床反硝化滤池是深床滤池的一种，处理对象多为小规模污水处理工程，且主要用于总氮质量浓度低于5mg/L 的反硝化作用。其生物脱氮作用原理与普通反硝化生物滤池原理相近，可参照反硝化生物滤池。但深床反硝化滤池的形式结构与普通生物滤池有较大差别。

四、计算题

1. 如从活性污泥曝气池中取混合液 100mL，盛放于 100mL 的量筒中，半小时后的沉淀污泥量为 37mL，求污泥沉降比 SV_{30}。

解：$SV_{30} = 37/100 \times 100\% = 37\%$

2. 某完全混合活性污泥系统中，曝气池的污泥浓度（MLSS）为 4000mg/L，混合液在 1000mL 量筒中经 30min 沉淀的污泥容积为 200mL，求该系统的污泥沉降比 SV_{30}。

解：$SV_{30} = 200/1000 \times 100\% = 20\%$

3. 某厂废水进水 SS 为 350mg/L，经混凝处理后出水 SS 为 20mg/L，求废水中的 SS 去除率。

解：SS 去除率 = $(SS_{进} - SS_{出})/SS_{进} \times 100\% = (350 - 20)/350 \times 100\% \approx 94\%$

4. 拟采用活性污泥法建一座城市污水处理厂，设计参数为：设计处理水量为 1200m³/d，进水 BOD_5 为 200mg/L，出水 BOD_5 为 20mg/L，求曝气池的 BOD_5 去除率。

解：BOD_5 去除率 = $(BOD_{进} - BOD_{出})/BOD_{进} \times 100\% = (200 - 20)/200 \times 100\% = 90\%$

5. 某城镇污水处理厂进水凯氏氮浓度为 54mg/L，氨氮浓度为 32mg/L，硝酸盐和亚硝酸盐浓度分别为 1.5mg/L 和 0.5mg/L，求该污水总氮浓度。

解：污水总氮浓度 = 54 + 1.5 + 0.5 = 56mg/L

6. 已知曝气池废水入流量为 80m³/h，回流污泥量为 40m³/h，求污泥回流比。

解：污泥回流比 = 40/80 = 0.5

7. 已知曝气池的污泥浓度 MLSS 为 3500mg/L，污泥沉降比 SV_{30} 为 35%，求污泥容积指数 SVI。

解：$SV_{30} = 35\%$，即 350mL/L，则 $SVI = SV_{30}/MLSS = 350/3500 \times 1000 = 100$ mL/g

第三节　操作知识

一、单选题

1. 为了使测定的 BOD 具有可比性，国家环境保护总局编制的《环境监测技术规范》中规定，将污水在 20℃下培养（　　）天，作为生化需氧量指定的标准条件。

A. 5　　　　　　　B. 4　　　　　　　C. 3　　　　　　　D. 2

答案：A

2. 取水样的基本要求是水样要（　　）。

A. 定数量　　　　B. 定方法　　　　C. 有代表性　　　D. 按比例

答案：C

3. 在生物滤池中，为保证微生物群生长发育正常，溶解氧应保持在一定水平，一般以（　　）为宜。

A. 1～2mg/L　　　B. 2～4mg/L　　　C. 4～6mg/L　　　D. 6～8mg/L

答案：B

4. 硝化工艺混合液的 DO 应控制在（　　）以上。

A. 1.5mg/L　　　　B. 2.0mg/L　　　　C. 2.5mg/L　　　　D. 3.0mg/L

答案：B

5. 污水处理厂内设置调节池的目的是调节（　　）。

A. 水温　　　　　B. 水量和水质　　C. 酸碱性　　　　D. 水量

答案：B

6. 在开始培养活性污泥的初期，此时镜检会发现大量的（　　）。

A. 变形虫　　　　B. 草履虫　　　　C. 鞭毛虫　　　　D. 线虫

答案：A

7. 沉淀池操作管理中的主要工作为( )。
   A. 撇浮渣　　　B. 取样　　　C. 清洗　　　D. 排泥
   答案：D

8. 在水质分析中,常用的过滤方法将杂质分为( )。
   A. 悬浮物与胶体物　　　　　　B. 胶体物与溶解物
   C. 悬浮物与溶解物　　　　　　D. 无机物与有机物
   答案：C

9. 传统活性污泥法的 MLSS 夏季为( )。
   A. 1000~3000mg/L　B. 2000~3000mg/L　C. 5000~7000mg/L　D. 3000~4000mg/L
   答案：D

10. 硝化杆菌的世代周期一般为( ),因此要在系统内培养出硝化杆菌,将氨氮硝化成硝态氮,则必须控制 SRT 大于该天数。
    A. 2d　　　B. 3d　　　C. 4d　　　D. 5d
    答案：D

11. 正常的活性污泥外观为( ),可闻到土腥味。
    A. 黄褐色　　　B. 红棕色　　　C. 绿色　　　D. 黑色
    答案：A

12. 下列流量调节功能较好的阀门是( )。
    A. 闸阀　　　B. 蝶阀　　　C. 球阀　　　D. 截止阀
    答案：D

13. SVI 值过低说明活性污泥中( )较多,其污泥细小密实。
    A. 微生物　　　B. 菌胶团　　　C. 无机组分　　　D. 有机组分
    答案：C

14. 针对生物池产生的化学泡沫,可采取的措施是( )。
    A. 水冲消泡　　　B. 加氯　　　C. 排泥　　　D. 缩短 SRT
    答案：A

15. 污泥上浮的原因是硝酸盐在二沉池中被还原为( )引起的,多发生在夏季。
    A. 氮气　　　B. 硫化氢　　　C. 甲烷　　　D. 氢气
    答案：A

16. 污泥腐化是因为发生了( )反应,导致活性污泥呈黑色,出水水质恶化。
    A. 好氧　　　B. 厌氧　　　C. 硝化　　　D. 吸磷
    答案：B

17. 曝气池有臭味说明( )。
    A. 进水 pH 过低　　　B. 丝状菌大量繁殖　　　C. 曝气池供氧不足　　　D. 曝气池供氧充足
    答案：C

18. 污水泵运行记录的填写,需要计算填写当日累计运行时间和( )。
    A. 运行台数　　　B. 流量　　　C. 抽升量　　　D. 启停状态
    答案：C

19. 在污水泵运行值班记录时,记录值班期间对污水泵的运行调整,包括机组开停时间、未运行机组原因、( )等。
    A. 泥量变化　　　B. 渣量变化　　　C. 水质变化　　　D. 水量变化
    答案：D

20. 对滤池的巡视要求每( )巡视 1 次,按要求进行运行数据、设备状态的记录。
    A. 3h　　　B. 4h　　　C. 6h　　　D. 8h
    答案：B

21. 成本费用核算期间采用月历制,按月、年进行核算。水厂的年终决算以( )为计算期。

A. 当年1月1日至12月30日　　　　　　B. 当年1月1日至12月15日
C. 当年1月1日至12月31日　　　　　　D. 当年1月1日至次年的1月1日

答案：C

22. 不能用于擦洗设备的是(　　)。
    A. 肥皂　　　　B. 洗衣粉　　　　C. 洗洁精　　　　D. 汽油
    答案：D

23. (　　)可反映曝气池正常运行的污泥量,可用于控制剩余污泥的排放。
    A. 污泥浓度　　B. 污泥沉降比　　C. 污泥指数　　D. 污泥龄
    答案：B

24. 移动式吸砂桥车和砂泵电机每年检查(　　),保证轴承润滑。
    A. 1次　　　　B. 2次　　　　C. 4次　　　　D. 6次
    答案：B

25. 巡检初沉池,如发现池面有大量浮泥且有大量气泡产生,说明污泥腐败严重,应(　　)。
    A. 加大进水流量　　B. 加消泡剂　　C. 及时排泥　　D. 减少排泥
    答案：C

26. 鼓风机维修时,将待维保的设备切断电源,并选择安全位置悬挂(　　)标牌,确保机器不可因误操作而启动。
    A. 有人操作、禁止合闸　　B. 禁止入内　　C. 正常运行　　D. 注意安全
    答案：A

27. 鼓风机检修或在进行清洁设备时,(　　)直接用水冲洗电机进行清洁。
    A. 可以　　　　B. 允许　　　　C. 严禁　　　　D. 不能
    答案：C

28. 当鼓风机停机后,打开隔音罩,停机(　　)后才能进行操作。进行维保操作时,需保证设备温度降到安全范围。
    A. 6h　　　　B. 8h　　　　C. 12h　　　　D. 24h
    答案：D

29. 变配电室巡视检查分为(　　)和(　　)两种。
    A. 周期性,特殊性　　　　　　　　B. 周期性,临时性
    C. 规律性,特殊性　　　　　　　　D. 规律性,临时性
    答案：A

30. 总变配电室每(　　)巡视1次,并做运行记录;分变配电室每(　　)巡视1次,并做巡视记录。
    A. 4h,每天　　B. 4h,6h　　C. 2h,每天　　D. 2h,6h
    答案：C

31. 下列污水检测指标不需要每天都测的是(　　)。
    A. pH和DO　　B. MLSS和MLVSS　　C. COD和BOD_5　　D. 硝氮和总氮
    答案：B

32. 二沉池进水灌满时,打开回流污泥闸。如整个系统进水,再相继打开回流污泥泵并观察其运行状态。是否开启剩余污泥泵视(　　)而定。
    A. 进水负荷　　B. 曝气池溶解氧　　C. 曝气池污泥浓度　　D. 二沉池泥量
    答案：C

33. 如发现螺旋堵塞时,应立即将对应的吸砂机和砂水分离器断电,将供气量(　　),在控制箱上悬挂禁止合闸的安全标识,再进行检修。
    A. 增大　　　　B. 保持不变　　　　C. 减小　　　　D. 降为0
    答案：A

34. 下列关于二沉池停水检查要求说法错误的是(　　)。
    A. 关闭二沉池进水闸;如整个系列停水,应先关闭曝气池出水闸

B. 关闭二沉池回流污泥闸；如整个系列停水，应先停污泥泵
C. 单个池组由于运行需要停水备用，无须泄空，保持吸泥机运行
D. 整个系列停进水，泄空时应多个池组同时进行

答案：D

35. 下列关于城镇污水处理厂常用药剂和材料使用及控制标准的描述错误的是（　　）。
A. 污泥脱水选择合适的絮凝剂，应根据污泥的理化性质，通过试验，确定最佳投加量
B. 采用次氯酸钠消毒时，应将药剂储存在阴暗干燥处和通风良好专用地，不可倒置装卸
C. 采用紫外线消毒，消毒水渠水量达不到设备运行水位时，严禁开启设备
D. 污泥浓缩必须投加药剂进行调理

答案：D

36. 当二沉池出水不均时，要调整（　　）。
A. 排泥量　　　　　B. 排渣量　　　　　C. 堰板水平度　　　　　D. 刮板高度

答案：C

37. 沉砂池停车操作中，应防止出现的事项是（　　）。
A. 单条池运行水量超过设计流量　　　　　B. 打开排砂阀之前要将进水阀关闭
C. 曝气沉砂池应关闭曝气阀　　　　　　　D. 平流式沉砂池应一间一间地停

答案：A

38. 当 A−A−O 曝气池水温低时，应采取适当（　　）曝气时间、（　　）污泥浓度、增加泥龄或其他方法以保证污水的处理效果。
A. 延长，降低　　　B. 延长，提高　　　C. 减少，降低　　　D. 减少，提高

答案：B

39. 由于 SBR 反应池在沉淀阶段处于（　　），所以沉淀效果比传统活性污泥法二沉池好。
A. 絮流状态　　　　B. 层流状态　　　　C. 静止状态　　　　D. 辐流状态

答案：C

40. 测定化学需氧量的水样，需要（　　）保存。
A. 加碱　　　　　　B. 加酸　　　　　　C. 过滤　　　　　　D. 蒸馏

答案：B

41. 污水处理活性污泥镜检时指示性生物是（　　）。
A. 细菌　　　　　　B. 原生动物　　　　C. 后生动物　　　　D. 藻类

答案：B

42. 刮泥机刮泥板的最合理运行速度是（　　）。
A. 1m/s　　　　　　B. 1m/min　　　　　C. 1m/h　　　　　　D. 1mm/h

答案：B

43. 通常在废水处理系统运转正常，有机负荷较低，出水水质良好，才会出现的动物是（　　）。
A. 纤毛虫　　　　　B. 瓢体虫　　　　　C. 线虫　　　　　　D. 轮虫

答案：D

44. 初次沉淀池溢流堰最大负荷不宜大于（　　），二次沉淀池溢流堰最大负荷不宜大于（　　）。
A. 3.5L/(m·s)，1.7L/(m·s)　　　　　B. 2.9L/(m·s)，1.7L/(m·s)
C. 2.0L/(m·s)，2.0L/(m·s)　　　　　D. 1.7L/(m·s)，2.0L/(m·s)

答案：BD

45. 在生物硝化系统的运行管理中，当污水温度低于（　　）时，硝化速率会明显下降，当温度低于（　　）时，已经启动的硝化系统可以勉强维持。
A. 10℃，15℃　　　B. 15℃，20℃　　　C. 20℃，25℃　　　D. 25℃，30℃

答案：A

二、多选题

1. 曝气池生物相诊断是根据出现生物的（　　）来判断曝气池状态的一种技术。

A. 种类 B. 数量 C. 活性 D. 代谢
答案：AB

2. 曝气池运行监测表中需要填写的数据是( )。
A. 曝气池各段DO B. 混合液和回流污泥的水温
C. SV D. MLSS
答案：ABCD

3. 记录值班期间对二级处理设备、设施进行的运行调整说明，包括( )。
A. 设备设施开停时间 B. 未运行设备的原因
C. 未运行设施的原因 D. 运行设备的原因
答案：ABC

4. 滤池的运行记录需要统计填写的信息有( )。
A. 水量 B. 电量 C. 反冲洗水量 D. 碳源投加量
答案：ABCD

5. 应结合外部监管及自身需求，制订完善的( )等各类原始记录和统计报表。
A. 生产运行记录 B. 化验数据 C. 生产运行日报 D. 生产数据台账
答案：ACD

6. 水厂的运行总结大体包括( )等部分。
A. 生产任务完成情况 B. 现阶段运行调控方案的实施结果
C. 重点能耗及药剂使用情况 D. 未来运行调控方案的制订
答案：ABCD

7. 严格执行国家相关法规，按照规定的成本费用开支范围，正确归集和分配生产成本费用，在生产成本费用核算中遵循的原则有( )。
A. 严格按照权责发生制的原则，根据其受益期间来确定各期的成本、费用
B. 正确划分收益性支出和资本性支出的界限
C. 正确划分生产成本所属期间
D. 正确划分各项生产成本之间的界限
答案：ABCD

8. 生产成本核算范围包括( )。
A. 污水处理 B. 再生水处理 C. 污泥处理处置 D. 行政管理费用
答案：ABC

9. 每日定时完成前一日处理水量、出水水质等主要生产数据审核报送工作，包括( )等生产数据。
A. 处理水量 B. 出水水质 C. 进水液位 D. 峰值水量
答案：ABCD

10. 以下关于活性污泥中微型动物变化与污水处理运行情况的关系，说法正确的是( )
A. 如果发现单个钟虫活跃，其体内的食物泡都能清晰地观察到时，说明活性污泥溶解氧充足，污泥处理程度高
B. 当发现在大量钟虫存在的情况下，楯纤虫增多而且越来越活跃，这并不是表示曝气池工作状态良好，而很可能是污泥将要变得越来越松散的前兆
C. 镜检时发现各类原生动物很少，球衣细菌或丝硫细菌很多时，往往表明活性污泥已经发生膨胀
D. 二沉池表面浅水层经常出现许多水蚤，如果其体内血红素低，说明溶解氧含量较高；如果水蚤的颜色很红时，则说明出水中几乎没有溶解氧
答案：ABCD

11. 设置调节池的目的是使废水的( )得到一定程度的缓冲和均衡，使后续系统均衡运行。
A. 水质 B. 水量 C. 混匀 D. 流速
答案：AB

12. 初沉池的工艺控制主要通过改变( )来控制。

A. 水力表面负荷　　　　B. 水力停留时间　　　　C. 进水量　　　　D. 出水堰板溢流负荷

答案：ABD

13. 关于曝气生物滤池的特征，以下说法正确的是（　　）。
A. 气液在填料间隙充分接触，由于气、液、固三相接触，氧的转移率高，动力消耗低
B. 本设备无须设沉淀池，占地面积少
C. 无须污泥回流，但有污泥膨胀现象
D. 池内能够保持大量的生物量，再加上截留作用，污水处理效果良好

答案：ABD

14. 检测液位的常用仪表包括（　　）。
A. 超声波液位计　　B. 静压式液位计　　C. 超声波流量计　　D. 电磁流量计

答案：AB

15. 下列污水检测项目是需要每天都测的有（　　）。
A. 总磷　　　　B. COD　　　　C. TN　　　　D. SS

答案：ABCD

16. 下列污水检测项目是需要每半年都测的有（　　）。
A. 总汞　　　　B. 总砷　　　　C. 烷基汞　　　　D. 总铁

答案：ABCD

三、简答题

1. 简述滤池碳源投加位置及其优缺点。

答：滤池的碳源投加点可设在生物滤池上的总进水渠或每个滤池的分配水渠口，可根据工况选择是否开启。总进水渠投加碳源可稳定保证每个滤池碳源投加均匀，但无法做到每个滤池精细调控，且配水廊道有一定的碳源损失；分池投加碳源可降低配水廊道的碳源损失，但存在阀门故障带来的运行稳定性低问题。

2. 简述鼓风机点检内容。

答：鼓风机点检内容包括：体各部位有无异响，风机运转是否平稳，现场仪表指示与控制室微机显示的工况参数有无不同，查出问题，及时采取措施解决。

四、实操题

1. 简述取样的操作方法。

答：（1）穿戴劳保用品；（2）用采样器在 0.5~1m 深度处取样；（3）把取样瓶用所取样品荡洗三次后进行取样。

2. 简述便携 pH 测量的方法。

答：（1）将探头与控制器连接，并开机；（2）将探头置于液面下 0.3~0.5m 深；（3）操作仪器，进行溶解氧测量；（4）读取数据；（5）测量完毕，冲洗并擦干探头，测量结束。

3. 简述 SS 的测定方法。

答：（1）用无齿扁嘴镊子夹取 0.45μm 微孔滤膜放于称量瓶中，移入鼓风干燥箱中于 105℃烘干 1h 后取出放入干燥器内冷却至室温，称其质量。反复烘干、冷却、称重，直至两次称量的质量差小于等于 0.2mg。滤膜和称量瓶的质量记为 m_1。

（2）将恒重的滤膜正确放置在滤膜过滤器的滤膜托盘上，加盖配套的布氏漏斗，并用夹子固定好，以蒸馏水湿润滤膜，并不断吸滤。

（3）准确量取充分混合均匀的水样 100mL，抽吸过滤，再以每次 10mL 蒸馏水连续洗涤 3 次，继续吸滤以除去痕量水分。

（4）停止吸滤后，仔细取出滤膜放在原来恒重的称量瓶中，移入鼓风干燥箱中于 105℃烘干至恒重，称其质量，悬浮物、滤膜和称量瓶的质量记为 m_2。

（5）利用公式计算出样品 SS。

4. 简述溶解氧检测仪的使用方法。

答：(1)将探头与控制器连接，并开机；(2)将探头置于液面下0.3~0.5m深；(3)按AR键，再按ENTER键，进行溶解氧测量；(4)待条形码到头后，读取数据测量完毕，冲洗并擦干探头，测量结束。

5. 由丝状菌引起的污泥膨胀，可采取的临时性控制措施有哪些？可采取的工艺运行调整措施有哪些？

答：1)污泥助沉法：(1)改善、提高活性污泥的絮凝性，投加絮凝剂，如硫酸铝等；(2)改善、提高活性污泥的沉降性、密实性，投加黏土、消石灰等。

2)灭菌法：(1)杀灭丝状菌，如投加氯、臭氧、过氧化氢等药剂；(2)投加硫酸铜，可控制由球衣菌引起的膨胀。

3)工艺运行调节措施

(1)加强曝气：①加强曝气，提高混合液的DO值；②使污泥常处于好氧状态，防止污泥腐化，加强预曝气或再生性曝气。

(2)调节运行条件：①调整进水pH；②调整混合液中的营养物质；③如有可能，可考虑调节水温——丝状菌膨胀多发生在20℃以上；④调整污泥负荷。

第二章

中 级 工

第一节 安全知识

一、单选题

1. 液体有机物的燃烧可以使用（　　）灭火。
A. 水　　　　　　B. 沙土　　　　　　C. 泡沫　　　　　　D. 以上均可
答案：C

2. 在含硫化氢场所作业时，下列错误的做法是（　　）。
A. 出现中毒事故，个人先独立处理　　　　B. 作业过程有专人监护
C. 佩戴有效的防毒器具　　　　　　　　　D. 进入受限空间作业前进行采样分析
答案：A

3. 事故应急救援的特点不包括（　　）。
A. 不确定性和突发性　　　　　　　　　　B. 应急活动的复杂性
C. 后果易猝变、激化和放大　　　　　　　D. 应急活动时间长
答案：D

4. 单位应当落实逐级消防安全责任制和（　　）。
A. 部门消防安全责任制　　　　　　　　　B. 岗位消防安全责任制
C. 个人安全责任制　　　　　　　　　　　D. 内部消防安全责任制
答案：B

5. 发生火灾后，以下逃生方法不正确的是（　　）。
A. 用湿毛巾捂着嘴巴和鼻子　　　　　　　B. 弯着身子快速跑到安全地点
C. 躲在床底下，等待消防人员救援　　　　D. 不乘坐电梯，使用安全通道
答案：C

6. 下列导致操作人员中毒的原因中，除（　　）外，都与操作人员防护不到位相关。
A. 进入特定的空间前，未对有毒物质进行监测　　B. 未佩戴有效的防护用品
C. 防护用品使用不当　　　　　　　　　　D. 有毒物质的毒性高低
答案：D

7. 以下情况应采取最高级别防护措施后方可进入有限空间实施救援的是（　　）。
A. 有限空间内有害环境性质未知
B. 缺氧或无法确定是否缺氧
C. 空气污染物浓度未知、达到或超过 IDLH 浓度
D. 以上情况均应采取最高级别防护措施
答案：D

8. 引起慢性中毒的毒物绝大部分具有(　　)。
A. 蓄积作用　　　　B. 强毒性　　　　C. 弱毒性　　　　D. 中强毒性
答案：A

9. 企业安全生产管理体制的总原则是(　　)。
A. 管生产必须管安全，谁主管谁负责
B. 由安全部门管安全，谁主管谁负责
C. 由各级安全员管安全，谁主管谁负责
D. 有关事故应急措施应经过当地安全监管部门审批
答案：A

10. 溺水救援中，(　　)指借助某些物品(如木棍等)把落水者拉出水面的方法，适用于营救者距淹溺者的距离较近(数米之内)，同时淹溺者还清醒的情况。
A. 伸手救援　　　　B. 藉物救援　　　　C. 抛物救援　　　　D. 下水救援
答案：B

11. 溺水救援中，(　　)指向落水者抛投绳索及漂浮物(如救生圈、救生衣、木板等)的营救方法，适用于落水者与营救者距离较远且无法接近落水者，同时淹溺者还处在清醒状态的情况。
A. 伸手救援　　　　B. 藉物救援　　　　C. 抛物救援　　　　D. 下水救援
答案：C

12. 关于火灾逃生自救，以下描述不正确的是(　　)。
A. 身上着火，千万不要奔跑，可就地打滚或用厚重的衣物压灭火苗
B. 遇火灾可乘坐电梯，也可向安全出口方向逃生
C. 室外着火，门已发烫，千万不要开门，以防大火蹿入室内，要用浸湿的被褥、衣物等堵塞门窗缝，并泼水降温
D. 若所逃生线路被大火封锁，要立即退回室内，用打手电筒、挥舞衣物、呼叫等方式向窗外发送求救信号，等待救援
答案：B

13. 以下属于布条包扎法的是(　　)。
A. 环形绷带包扎法
B. 螺旋形绷带包扎法
C. 8字形绷带包扎法
D. 以上全部正确
答案：D

14. 以下关于毛巾包扎法描述正确的是(　　)。
A. 下颌包扎法是指在三角巾顶处打一结，套于下颌部，底边拉向枕部，上提两底角，拉紧并交叉压住底边，再绕至前额打结；包完后在眼、口、鼻处剪开小孔
B. 头部包扎法是指将三角巾的底边折叠两层约两指宽，放于前额齐眉以上，顶角拉向枕后部，三角巾的两底角经两耳上方，拉向枕后，先作一个半结，压紧顶角，将顶角塞进结里，然后再将左右底角拉到前额打结
C. 胸部包扎法是指将毛巾折成鸡心状放在肩上，腰边穿带在上臂固定，前后两角系带在对侧腋下打结
D. 肩部包扎法是指将三角巾顶角向上，贴于局部，如系左胸受伤，顶角放在右肩上，底边扯到背后在后面打结，再将左角拉到肩部与顶角打结；背部包扎与胸部包扎相同，唯位置相反，结打于胸部
答案：B

15. 安全阀在(　　)时起跳，主要作用是保护设备、管线不受损害。
A. 泄漏　　　　B. 鉴定　　　　C. 放空　　　　D. 超压
答案：D

16. 安全生产责任制是企业岗位责任制的一个组成部分，是安全规章制度的核心，安全生产责任制的实质是(　　)。
A. 谁主管谁负责　　　　B. 预防为主　　　　C. 安全第一　　　　D. 一切按规章办事
答案：A

17. 依照《中华人民共和国安全生产法》的规定，承担(　　)的机构应当具备国家规定的资质条件。

A. 安全评价、认可、检测、检查　　　　　B. 安全预评价、认证、检测、检查
C. 安全评价、认证、检测、检验　　　　　D. 安全预评价、认可、检测、检验
答案：C

18. 依据《中华人民共和国消防法》的规定，消防安全重点单位应当实行（　　）防火巡查，并建立巡查记录。
A. 每日　　　　　B. 每周　　　　　C. 每旬　　　　　D. 每月
答案：A

19. 根据《中华人民共和国职业病防治法》的规定，建设项目在竣工验收时，其职业病防护设施应经（　　）验收合格后，方可投入正式生产和使用。
A. 建设行政部门　　　　　B. 卫生行政部门
C. 劳动保障行政部门　　　　　D. 安全生产监督管理部门
答案：B

20. 依据《中华人民共和国安全生产法》的规定，对未依法取得批准或者验收合格的单位擅自从事有关活动的，负责行政审批的部门发现或者接到举报后，应当立即（　　）。
A. 予以停产整顿　　B. 予以取缔　　C. 予以责令整改　　D. 予以通报批评
答案：B

21. 依据《中华人民共和国消防法》的规定，公安消防机构应当对机关团体、企业、事业单位遵守消防法律、法规的情况依法进行监督检查，发现火灾隐患，应当及时通知有关单位或个人采取措施（　　）。
A. 立即停止作业　　　　　B. 撤离危险区域
C. 限期消除隐患　　　　　D. 给予警告和罚款
答案：C

22. 卸危险化学品时，应避免使用（　　）工具。
A. 木质　　　　　B. 铁质　　　　　C. 铜质　　　　　D. 陶质
答案：B

23. 空调不应安装在可燃结构上，其设备与周围可燃物的距离不应小于（　　）。
A. 0.1m　　　　　B. 0.3m　　　　　C. 0.5m　　　　　D. 1.0m
答案：B

24. 库房内照明灯具下方不应堆放可燃物品，其垂直下方与储存物品水平之间距不应小于（　　），不应设置移动式照明灯具。
A. 0.3m　　　　　B. 0.5m　　　　　C. 1.0m　　　　　D. 1.5m
答案：A

25. 触电事故多的月份是（　　）。
A. 11—翌年1月　　B. 2—4月　　C. 6—9月　　D. 10—12月
答案：C

26. 在压力容器中并联组合使用安全阀和爆破片时，安全阀的开启压力应（　　）爆破片的标定爆破压力。
A. 略低于　　　　　B. 等于　　　　　C. 略高于　　　　　D. 高于
答案：D

27. 依据《起重机械安全规程》（GB 6067—1985），下列装置中，露天工作于轨道上的门座式起重机应装设的是（　　）。
A. 偏斜调整和显示装置　　　　　B. 防后倾装置
C. 防风防爬装置　　　　　D. 回转锁定装置
答案：C

28. 锅炉操作人员在对某新安装锅炉进行了全面检查，确认锅炉处于完好状态后，启动锅炉的正确步骤是（　　）。
A. 上水、点火升压、煮炉、烘炉、暖管与并汽
B. 上水、烘炉、煮炉、点火升压、暖管与并汽
C. 暖管与并汽、烘炉、煮炉、上水、点火升压

D. 煮炉、烘炉、上水、点火升压、暖管与并汽
答案：B

29. 在易燃易爆危险化学品存储区域，应在醒目位置设置（　　）标识，防止发生火灾爆炸事故。
A. 严禁逗留　　　　B. 当心火灾　　　　C. 禁止吸烟和明火　　　　D. 火警电话
答案：C

30. 下列说法中错误的是（　　）。
A. 下井作业人员禁止携带手机等非防爆类电子产品或打火机等火源，必须携带防爆照明、通讯设备
B. 进入污水井等地下有限空间调查取证时，作业人员应使用普通相机拍照
C. 下井作业现场严禁吸烟，未经许可严禁动用明火
D. 当作业人员进入排水管道内作业时，井室内应设置专人呼应和监护
答案：B

31. 使用长管呼吸器前必须进行检查，以下检查项错误的是（　　）。
A. 使用前检查面罩是否完好，密合框是否有破损
B. 检查导气管、长管的气密性，观察是否有空洞或裂缝
C. 使用高压送风式长管呼吸器时，检查气瓶压力是否满足作业需要以及检查报警装置
D. 滤毒罐外观有无破损
答案：C

32. 搬运可燃气危险化学品气瓶时，正确的做法是（　　）。
A. 为防止气瓶倾倒，用手握紧气瓶阀头搬运
B. 为防止气瓶砸伤人员，应将气瓶放倒，小心滚至存储位置
C. 为降低安全风险，使用小型气瓶车推运至存储位置
D. 为防止气瓶漏气，应安装气瓶阀门扳手搬运
答案：C

33. 关于应急救援原则，以下错误的是（　　）。
A. 尽可能施行非进入救援
B. 救援人员未经授权，不得进入有限空间进行救援
C. 根据有限空间的类型和可能遇到的危害决定需要采用的应急救援方案
D. 发生事故时，为节省时间救援人员应立即进入有限空间实施救援，不必获取审批
答案：D

34. 关于事故应急救援的基本任务，下列描述不正确的是（　　）。
A. 立即组织营救受害人员，组织撤离或者采取其他措施保护危害区域内的其他人员
B. 迅速控制事态，并对事故造成的危害进行检测、监测，测定事故的危害区域、危害性质及危害程度
C. 消除危害后果，做好现场恢复
D. 按照四不放过原则开展事故调查
答案：D

35. 为防止乙炔生产装置产生的乙炔发生爆炸，乙炔生产装置应安装（　　）等安全装置。
A. 防护挡板、安全阀　　　　B. 安全阀、电源开关
C. 安全阀、安全膜　　　　　D. 隔离变压器、安全膜
答案：C

36. 以下不属于污水处理厂常见有毒有害气体的是（　　）。
A. 硫化氢　　　　B. 氢气　　　　C. 一氧化碳　　　　D. 甲烷
答案：B

37. 在有危险源的区域设置（　　），进行警示，方便了解。
A. 职业危害告知　　　B. 区域划分　　　C. 值守人员　　　D. 危险源警示标牌
答案：D

38. 单位应对发现的事故隐患，根据其（　　），按照规定分级，实行信息反馈和整改制度，并做好记录。

A. 类别和性质　　　　　　　　　　　　B. 性质和严重程度
C. 类别和严重程度　　　　　　　　　　D. 类别和接触人员
答案：B

39. 对有限空间进行辨识，确定有限空间的(　　)，建立有限空间管理台账，并及时更新。
A. 数量　　　　　　　　　　　　　　B. 位置
C. 危险有害因素等基本情况　　　　　 D. 以上全部正确
答案：D

40. 搬动移动电气设备前，一定要(　　)。
A. 切断电源　　B. 检查电线是否碾压　　C. 检查接头是否损坏　　D. 向相关人员报告
答案：A

41. 对电气设备定期检查，保证电气设备完好。一旦发现问题，要及时通知(　　)进行修理。
A. 修理工　　　B. 班组长　　　C. 设备管理员　　　D. 电工
答案：D

42. 污水处理厂职工常在污水池周围区域工作，可能发生的危险性较大的事故有(　　)。
A. 物体打击和触电　　　　　　　　　B. 高处坠落和机械伤害
C. 高处坠落和淹溺　　　　　　　　　D. 起重伤害和淹溺
答案：C

43. 污水池区域必须设置若干(　　)，其上拴有足够长的绳子，并定期检查和更换，以备不时之需。
A. 救生圈　　　B. 救生衣　　　C. 竹竿　　　D. 橡皮筏
答案：A

44. 可能引发机械伤害事故的原因不包括(　　)
A. 检查不到位　　　　　　　　　　　B. 违反操作规程
C. 人员操作站在安全距离以外　　　　 D. 隐患未及时排除
答案：C

45. 下列对触电防护措施描述错误的是(　　)
A. 使用漏电保护装置可保证触电事故不会发生
B. 安全标志是保证安全生产预防触电事故的重要措施
C. 设置障碍不能防止有意绕过障碍去触及带电体
D. 使用长大工具者，防触电间隔应当加大
答案：A

46. 进入有限空间作业必须首先采取通风措施，如机械通风，应按管道内平均风速不小于(　　)选择通风设备。
A. 0.5m/s　　　B. 0.6m/s　　　C. 0.7m/s　　　D. 0.8m/s
答案：D

47. 进入有限空间作业必须首先采取通风措施，如自然通风时间应不少于(　　)。
A. 15min　　　B. 20min　　　C. 25min　　　D. 30min
答案：D

48. (　　)是指针对可能发生的事故灾难，为迅速、有效地开展应急行动而预先进行的组织准备和应急保障。
A. 应急准备　　B. 应急响应　　C. 应急预案　　D. 应急救援
答案：A

49. (　　)是指针对可能发生的事故灾难，为最大限度地控制或降低其可能造成的后果和影响，预先制订的明确救援责任、行动和程序的方案。
A. 应急准备　　B. 应急响应　　C. 应急预案　　D. 应急救援
答案：C

50. (　　)是指在应急响应过程中，为消除、减少事故危害，防止事故扩大或恶化，最大限度地降低其可能造成的影响而采取的救援措施或行动。

A. 应急准备　　　　　B. 应急响应　　　　　C. 应急预案　　　　　D. 应急救援

答案：D

51. 冷却灭火法，就是将灭火剂直接喷洒在可燃物上，使可燃物的温度降低到自燃点以下，从而使燃烧停止。以下属于冷却灭火的操作是(　　)。

A. 用水扑救火灾

B. 将火源附近的易燃易爆物质转移到安全地点

C. 用水蒸气、惰性气体(如二氧化碳、氮气等)充入燃烧区域

D. 关闭设备或管道上的阀门

答案：A

52. 隔离灭火法，是将燃烧物与附近可燃物隔离或者疏散开，从而使燃烧停止。以下属于采取隔离灭火的具体措施的是(　　)。

A. 用水扑救火灾

B. 将火源附近的易燃易爆物质转移到安全地点

C. 用水蒸气、惰性气体(如二氧化碳、氮气等)充入燃烧区域

D. 沙土、泡沫等不燃或难燃材料覆盖燃烧或封闭孔洞

答案：B

53. 窒息灭火法，即采取适当的措施，阻止空气进入燃烧区，或惰性气体稀释空气中的氧含量，使燃烧物质缺乏或断绝氧而熄灭，适用于扑救封闭式的空间、生产设备装置及容器内的火灾。火场上运用窒息法扑救火灾时，可采用(　　)。

A. 用水扑救火灾

B. 将火源附近的易燃易爆物质转移到安全地点

C. 用水蒸气、惰性气体(如二氧化碳、氮气等)充入燃烧区域

D. 关闭设备或管道上的阀门

答案：C

54. (　　)是指将化学灭火剂喷入燃烧区参与燃烧反应，中止链反应而使燃烧反应停止。

A. 冷却灭火法　　　B. 隔离灭火法　　　C. 窒息灭火法　　　D. 抑制灭火法

答案：D

55. 窒息灭火法必须注意的事项不包括(　　)。

A. 燃烧部位较小，容易堵塞封闭，在燃烧区域内没有氧化剂时，适于采取这种方法

B. 在采取用水淹没或灌注方法灭火时，必须考虑到火场物质被水浸没后会不会产生不良后果

C. 采取窒息方法灭火以后，必须确认火已熄灭方可打开孔洞进行检查。严防过早地打开封闭的空间或生产装置而使空气进入，造成复燃或爆炸

D. 采用惰性气体灭火时，一定要将大量的惰性气体充入燃烧区，迅速降低空气氧的含量，以达窒息灭火的目的

答案：A

二、多选题

1. 在排查出的每个有限空间作业场所或设备附近设置清晰、醒目、规范的安全警示标识，标识内容包括(　　)。

A. 主要危险有害因素　　B. 警示有限空间风险　　C. 严禁擅自进入和盲目施救

D. 作业人员数量　　　　E. 需配备的防护用品与物资

答案：ABC

2. 从事高处作业人员禁止穿(　　)等易滑鞋上岗或酒后作业。

A. 高跟鞋　　　　B. 硬底鞋　　　　C. 拖鞋　　　　D. 劳保鞋　　　　E. 雨鞋

答案：ABCE

3. 下列说法描述正确的是(　　)。

A. 有限空间发生爆炸、火灾，往往瞬间或很快耗尽有限空间的氧气，并产生大量有毒有害气体，造成严重后果

B. 甲烷相对空气密度约 0.55，无须与空气混合就能形成爆炸性气体

C. 一氧化碳与血红蛋白的亲合力比氧与血红蛋白的亲合力高 200~300 倍

D. 一氧化碳极易与血红蛋白结合，形成碳氧血红蛋白，使血红蛋白丧失携氧的能力和作用，造成组织窒息

E. 污水处理厂工作环境中存在大量的有毒物质，人一旦接触后易引起化学性中毒可能导致死亡

答案：ACDE

4. 压力下气体包括( )。
   A. 压缩气体　　B. 液化气体　　C. 溶解液体　　D. 冷冻液化气体
   答案：ABCD

5. 危险化学品火灾爆炸事故的预防包括( )。
   A. 防止可燃可爆混合物的形成　　B. 控制工艺参数
   C. 消除点火源　　D. 制订应急处置方案
   答案：ABC

6. 发生人员有限空间窒息后，协助者应想办法通过( )把作业者从密闭空间中救出，协助者不可进入密闭空间，只有配备确保安全的救生设备且接受过培训的救援人员，才能进入密闭空间施救。
   A. 人字梯　　B. 救生索　　C. 提升机　　D. 三脚架
   答案：BCD

7. 应急响应主要任务包括( )。
   A. 接警与通知　　B. 应急队伍的建设
   C. 警报和紧急公告　　D. 应急人员的培训
   答案：AC

8. 应急准备主要任务包括( )。
   A. 接警与通知　　B. 应急队伍的建设
   C. 警报和紧急公告　　D. 应急人员的培训
   答案：BD

9. 污水处理厂操作人员必须熟知的应急救援预案包括( )。
   A. 高处坠落应急预案　　B. 有毒有害气体中毒应急预案
   C. 机械伤害应急预案　　D. 火灾应急预案
   答案：ABCD

10. 所有人员应遵守有限空间作业的职责和安全操作规程，正确使用( )。
    A. MSDS　　B. 手机　　C. 个人防护用品　　D. 安全装备
    答案：CD

11. 打扫卫生、擦拭设备时，严禁用水冲洗或用湿布去擦拭电气设备，以防发生( )事故。
    A. 触电　　B. 断路　　C. 灼伤　　D. 短路
    答案：AD

12. 危险化学品应当储存在专门地点，有( )，不得与其他物资混合储存，储存方式方法与储存数量必须符合国家标准。
    A. 双人收发　　B. 单人收存　　C. 双人保管　　D. 专人管理
    答案：ACD

13. 使用过程中暂存危险化学品的，应在固定地点分类分室存放，并做好相应的( )等预防措施，应有处理泄漏、着火等应急保障设施。
    A. 防泄漏　　B. 防火　　C. 防盗　　D. 防挥发
    答案：ABCD

14. 搬运酸、碱前应仔细检查的是( )。
    A. 地面是否整洁　　B. 容器的位置固定是否稳

C. 装酸或碱的容器是否封严　　　　　　　D. 装运器具的强度

答案：BCD

15. 登高作业中，应正确佩戴与使用劳动防护用品，牢记"三件宝"，"三件宝"包括（　　）。
   A. 安全绳　　　　B. 安全网　　　　C. 安全带　　　　D. 安全帽

   答案：BCD

16. 气瓶打开过程中需注意（　　）。
   A. 开瓶时要缓慢开半圆
   B. 一切正常时逐渐打开
   C. 如果阀门难以开启，可以用工具敲打
   D. 如果阀门难以开启，不能用长柄扳手使劲扳，以防将阀杆拧断

   答案：ABD

17. 按照社会危害程度、影响范围等因素，自然灾害、事故灾难、公共卫生事件分为（　　）级。
   A. 一般　　　　B. 较大　　　　C. 重大　　　　D. 特别重大

   答案：ABCD

18. 断电常用的办法有（　　）。
   A. 关闭电源开关、拔去插头或熔断器
   B. 用干燥的木棒、竹竿等非导电物品移开电源或使触电人员脱离电源
   C. 用平口钳、斜口钳等绝缘工具剪断电线
   D. 用身边的物体挑开电源线

   答案：ABC

19. 依据灭火原理，灭火通常采用的方法有（　　）。
   A. 冷却灭火法　　　　B. 隔离灭火法　　　　C. 窒息灭火法　　　　D. 抑制灭火法

   答案：ABCD

20. 关于灭火通常采用的方法，下列描述正确的有（　　）。
   A. 用水扑救火灾，其主要作用就是冷却灭火
   B. 关闭设备或管道上的阀门，阻止可燃气体、液体流入燃烧区采用的是冷却灭火法
   C. 抑制灭火法可用水蒸气、惰性气体（如二氧化碳、氮气等）充入燃烧区域
   D. 抑制灭火法可使用的灭火剂有干粉和卤代烷灭火剂

   答案：AD

21. 常见的有限空间作业事故包括（　　）。
   A. 触电　　　B. 中毒窒息　　　C. 火灾、爆炸　　　D. 淹溺　　　E. 机械伤害

   答案：ABCD

22. 有限空间内可能存在（　　），如果遇到电弧、电火花、电热、设备漏电、静电、闪电等点火源，将可能引起燃烧或爆炸。
   A. 有毒气体　　　B. 可燃气体　　　C. 粉尘
   D. 水蒸气　　　E. 有挥发性的易燃液体

   答案：BCE

23. 污水处理厂常见的有限空间包括（　　）等。
   A. 下水道泵站　　　B. 格栅间　　　C. 污泥储存或处理设施
   D. 污泥消化池　　　E. 库房

   答案：ABCD

24. 下列对毒害气体描述正确的是（　　）。
   A. 甲烷对人基本无毒，但浓度过量时使空气中氧含量明显降低，使人窒息
   B. 硫化氢浓度越高时，对呼吸道及眼的局部刺激越明显
   C. 硫化氢浓度超高时，人体内游离的硫化氢在血液中来不及氧化，则引起全身中毒反应
   D. 硫化氢的化学性质不稳定，在空气中容易爆炸

E. 硫化氢溶于乙醇、汽油、煤油、原油中，溶于水后生成氢硫酸

答案：ACDE

25. 爆炸物质(或混合物)是这样一种固态或液态物质(或物质的混合物)，其本身能够通过化学反应产生气体，而产生气体的(　　)能对周围环境造成破坏。

A. 温度　　　　　　B. 压力　　　　　　C. 速度　　　　　　D. 密度

答案：ABC

三、简答题

1. 危险源的防范措施中，在管理方面控制危险源应建立哪些规章制度？

答：应建立岗位安全生产责任制、危险源重点控制实施细则、安全操作规程、操作人员培训考核制度、日常管理制度、交接班制度、检查制度、信息反馈制度、危险作业审批制度、异常情况应急措施和考核奖惩制度等。

2. 有限空间有毒有害气体中毒危害来自于哪些情况？

答：(1)存储的有毒化学品残留、泄漏或挥发。

(2)某些生产过程中有物质发生化学反应，产生有毒物质，如有机物分解产生硫化氢。

(3)某些相连或接近的设备或管道的有毒物质渗漏或扩散。

(4)作业过程中引入或产生有毒物质，如焊接、喷漆或使用某些有机溶剂进行清洁。

3. 简述有限空间分几类，并列举出有限空间环境场所(每类至少5个)。

答：(1)地下有限空间：如地下室、地下仓库、地窖、地下工程、地下管道、暗沟、隧道、涵洞、地坑、废井、污水池、井、沼气池、化粪池、下水道等。

(2)地上有限空间：如储藏室、温室、冷库、酒糟池、发酵池、垃圾站、粮仓、污泥料仓等。

(3)密闭设备：如船舱、贮罐、车载槽罐、反应塔(釜)、磨机、水泥筒库、压力容器、管道、冷藏箱(车)、烟道、锅炉等。

4. 安全从业人员的职责有什么？

答：(1)自觉遵守安全生产规章制度，不违章作业，并随时制止他人的违章作业。

(2)不断提高安全意识，丰富安全生产知识，增加自我防范能力。

(3)积极参加安全学习及安全培训，掌握本职工作所需的安全生产知识，提高安全生产技能，增加事故预防和应急处理能力。

(4)爱护和正确使用机械设备、工具及个人防护用品。

(5)主动提出改进安全生产工作意见。

(6)有权对单位安全工作中存在的问题提出批评、检举、控告，有权拒绝违章指挥和强令冒险作业。

(7)发现直接危及人身安全的紧急情况时，有权停止作业或者在采取可能的应急措施后。

5.《中华人民共和国突发事件应对法》将突发事件定义为什么？

答：突然发生，造成或者可能造成严重社会危害，需要采取应急处置措施予以应对的自然灾害、事故灾难、公共卫生事件和社会安全事件。

6. 发生突发事故后处置的通则是什么？

答：一旦发生突发安全事故，发现人应在第一时间向直接领导进行上报，视实际情况进行处理，并视现场情况拨打119、120、999、110等社会救援电话。

7. 上岸后的溺水者救治包括哪几种处置情况？

答：(1)对意识清醒患者实施保暖措施，进一步检查患者，尽快送医治疗。

(2)对意识丧失但有呼吸心跳患者实施人工呼吸，确保保暖，避免呕吐物堵塞呼吸道。

(3)对无呼吸患者实施心肺复苏术。

四、实操题

1. 简述泡沫灭火器的正确使用方法。

答：使用泡沫灭火器时，应手提灭火器的提把迅速奔到燃烧处，在距燃烧物6m左右，先拔出保险销，一

手握住开启压把,另一手握住喷枪,紧握开启压把,将灭火器的密封开启,空气泡沫即从喷枪中喷出。使用时,应一直紧握开启压把,不能松开,也不能将灭火器倒置或者横卧使用,否则会中断。

2. 简述二氧化碳灭火器的正确使用方法。

答:使用二氧化碳灭火器时,将灭火器提到起火地点,在距燃烧物5m处,将喷嘴对准火源,打开开关,即可进行灭火。若使用鸭嘴式二氧化碳灭火器,应先拔下保险销,一手紧握喇叭口根部,另一只手将启闭阀压把压下;若使用手轮式二氧化碳灭火器,应向左旋转手轮。

使用二氧化碳灭火器不能直接用手抓住喇叭口外壁或金属连接管,防止手被冻伤。在室外使用时,应选择上风方向喷射;室内窄小空间使用时,使用者在灭火后应迅速离开,防止窒息。

第二节 理论知识

一、单选题

1. 随着污水处理技术的发展,不同工艺技术之间的界限日趋模糊,(   )模式逐渐成为主流。
A. 集成和深度处理   B. 集成和组合
C. 生物处理和深度处理   D. 生物处理和膜处理
答案:B

2. 简单有机物在有氧情况下是被(   )微生物吸收进入细胞的。
A. 需氧性   B. 兼厌氧性   C. 厌氧性   D. 需氧和兼厌氧性
答案:D

3. SBR法中(   ),是停止曝气或搅拌,实现固液分离。
A. 进水工序   B. 沉淀工序   C. 排放工序   D. 限制待机工序
答案:B

4. 污水物理指标不包括(   )。
A. pH   B. 温度   C. 色度   D. 臭味
答案:A

5. 水体中由(   )造成的颜色称为真色。
A. 溶解物质   B. 胶体   C. 悬浮物、胶体 D. 胶体、溶解物质
答案:D

6. BOD_5的测定一般采用(   )。
A. 稀释法   B. 接种法   C. 稀释与接种法 D. 稀释培养法
答案:C

7. 3个阻值都为R的电阻,先用2个并联,再与另一个串联,结果阻值应为(   )。
A. R   B. 3R   C. 3/2R   D. 1/2R
答案:C

8. 曝气池的混合液污泥来自回流污泥,混合液的污泥浓度(   )回流污泥浓度。
A. 相等于   B. 高于   C. 不可能高于 D. 基本相同
答案:C

9. 污泥的化学调质作用机理不包括(   )。
A. 脱稳凝聚   B. 吸附卷扫   C. 架桥絮凝   D. 加快颗粒的运动速度
答案:D

10. 生物的反硝化作用是指污水中硝酸盐在(   )条件下被微生物还原成氮气的一个反应过程。
A. 好氧   B. 厌氧   C. 微好氧   D. 缺氧
答案:D

11. 流量与泵的转速(   )。

A. 成正比 B. 成反比 C. 无关 D. 相等
答案：A

12. 细菌有( )种基本形态。
A. 2 B. 3 C. 4 D. 5
答案：B

13. 污水处理中的物理处理法包括( )。
A. 气浮法 B. 混凝 C. 吸附 D. 汽提
答案：A

14. 沉砂池的功能是从污水中分离( )较大的无机颗粒。
A. 相对密度 B. 重量 C. 颗粒直径 D. 体积
答案：A

15. 曝气池有( )两种类型。
A. 好氧和厌氧 B. 推流和完全混合式
C. 活性污泥和生物膜法 D. 多点投水法和生物吸附法
答案：B

16. 污泥的消化是一个生物化学过程，主要依靠微生物对有机物的( )作用。
A. 吸收 B. 氧化 C. 分解 D. 转化
答案：C

17. 城镇污水处理基本上以( )为基础，强化可生物降解有机物的代谢机能和氮磷营养物的去除，从而达到改善水质的目的。
A. 机械处理 B. 物理处理 C. 生物处理 D. 化学处理
答案：C

18. 下列消毒药剂的消毒能力最强的是( )。
A. 氯气 B. 臭氧 C. 二氧化氯 D. 氯化钠
答案：B

19. 臭氧消毒的优点是( )。
A. 运行费低 B. 便于管理 C. 不受水的pH影响 D. 可持续消毒
答案：C

20. 以下处理方法中不属于深度处理的是( )。
A. 吸附 B. 离子交换 C. 沉淀 D. 膜技术
答案：C

21. 表示滤料颗粒大小的是( )。
A. 半径 B. 直径 C. 球径 D. 数目
答案：C

22. 水泵是将原动机的( )转化为输送液体能量的水力机械。
A. 电能 B. 热能 C. 机械能 D. 其他能量
答案：C

23. 污水刮泥机走道滚轮面用的材质是( )。
A. 铸钢、橡胶 B. 铸钢、铝板 C. 尼龙、橡胶 D. 铝板、尼龙
答案：C

24. 格栅拦截固体物的大小主要与( )有关。
A. 过栅水头损失 B. 结构形式 C. 清渣方式 D. 栅间距
答案：D

25. 初沉池在污水处理工艺中的主要作用是( )。
A. 沉泥砂 B. 沉降有机悬浮颗粒
C. 均匀水质 D. 去除密度大于1.5的固体颗粒

答案：A

26. 废水治理的方法有物理法、（　　）法和生物化学法等。
A. 化学　　　　　　　B. 过滤　　　　　　　C. 沉淀　　　　　　　D. 结晶
答案：A

27. 水体富营养化的征兆是（　　）的大量出现。
A. 绿藻　　　　　　　B. 蓝藻　　　　　　　C. 硅藻　　　　　　　D. 鱼类
答案：B

28. 原生动物通过（　　）可减少曝气池剩余污泥。
A. 捕食细菌　　　　　B. 分解有机物　　　　C. 氧化污泥　　　　　D. 抑制污泥增长
答案：A

29. 污水中的有机氮通过微生物氨化作用后，主要产物为（　　）。
A. 蛋白质　　　　　　B. 氨基酸　　　　　　C. 氨氮　　　　　　　D. 氮气
答案：C

30. 污泥中的水可分为4类，其中不能通过浓缩、调质、机械脱水方法去除的水是（　　）。
A. 间隙水　　　　　　B. 内部水　　　　　　C. 表面吸附水　　　　D. 毛细结合水
答案：B

31. （　　）指硝酸盐被还原成氨和氮的作用。
A. 反硝化　　　　　　B. 硝化　　　　　　　C. 脱氮　　　　　　　D. 上浮
答案：A

32. 混凝沉淀的去除对象为（　　）。
A. 可沉无机物　　　　B. 有机物　　　　　　C. 颗粒物　　　　　　D. 悬浮态和胶态物质
答案：D

33. 二级处理主要是去除废水中的（　　）。
A. 悬浮物　　　　　　B. 微生物　　　　　　C. 油类　　　　　　　D. 有机物
答案：D

34. 活性污泥主要由（　　）构成。
A. 原生动物　　　　　　　　　　　　　　　B. 厌氧微生物
C. 好氧微生物　　　　　　　　　　　　　　D. 好氧微生物和厌氧微生物
答案：C

35. 活性污泥法净化污水的主要承担者是（　　）。
A. 原生动物　　　　　B. 真菌　　　　　　　C. 放线菌　　　　　　D. 细菌
答案：D

36. 下列污水消毒方法中效率最低的是（　　）。
A. 氯气　　　　　　　B. 臭氧　　　　　　　C. 二氧化氯　　　　　D. 紫外线
答案：A

37. 曝气池供氧的目的是提供给微生物（　　）的需要。
A. 分解有机物　　　　B. 分解无机物　　　　C. 呼吸作用　　　　　D. 分解氧化
答案：A

38. 细菌的细胞物质主要是由（　　）组成，而且形式很小，所以带电荷。
A. 蛋白质　　　　　　B. 脂肪　　　　　　　C. 碳水化合物　　　　D. 纤维素
答案：A

39. 澄清池是一种集多功能为一体的水处理设施，其工艺过程不包括（　　）。
A. 沉淀　　　　　　　B. 化学反应　　　　　C. 化学沉淀　　　　　D. 混合
答案：A

40. 聚合氯化铝的符号是（　　）。
A. PAD　　　　　　　B. PAC　　　　　　　C. PAE　　　　　　　D. PAM

答案：B

41. 水中的污染物质能否与气泡黏附，还取决于该物质的润湿性，即该物质能为水润湿的程度。一般的规律是疏水性颗粒（　　）与气泡黏附。
A. 难　　　　　　B. 易　　　　　　C. 不可能　　　　　　D. 完全
答案：B

42. 电解质的凝聚能力随离子价的增大而（　　）。
A. 减少　　　　　　B. 增大　　　　　　C. 无变化　　　　　　D. 变为零
答案：B

43. 浓缩池的固体通量指单位时间内单位（　　）所通过的固体重量。
A. 体积　　　　　　B. 表面积　　　　　　C. 悬浮固体　　　　　　D. 物质重量
答案：A

44. 对于好氧生物处理，当pH（　　）时，真菌开始与细菌竞争。
A. 大于9.0　　　　　　B. 小于6.5　　　　　　C. 小于9.0　　　　　　D. 大于6.5
答案：B

45. 在闭合电路中，电源内阻变大，电源两端的电压将（　　）。
A. 升高　　　　　　B. 降低　　　　　　C. 不变　　　　　　D. 不确定
答案：B

46. 在生产中，经过驯化的微生物通过（　　）使有机物无机化，有毒物质无害化。
A. 合成代谢　　　　　　B. 分解代谢　　　　　　C. 新陈代谢　　　　　　D. 降解作用
答案：C

47. 在下列选项中，（　　）微生物广泛存在于自然界，无论有氧无氧、酸性碱性、高温低温等，只要有有机物质存在，均见它们的踪迹。
A. 光能自养　　　　　　B. 光能异养　　　　　　C. 化能自养　　　　　　D. 化能异养
答案：D

48. 采用大量的微小气泡附着在污泥颗粒的表面，从而使污泥颗粒的相对密度降低而上浮，实现泥水分离的目的的浓缩方法被称为（　　）。
A. 重力浓缩法　　　　　　B. 机械浓缩法　　　　　　C. 气浮浓缩法　　　　　　D. 曝气浓缩法
答案：C

49. 氧在水中的溶解度与水温成（　　）。
A. 反比　　　　　　B. 指数关系　　　　　　C. 对数关系　　　　　　D. 正比
答案：A

50. 离心脱水机去除的是污泥中的（　　）。
A. 表层　　　　　　B. 毛细水　　　　　　C. 表面吸附水　　　　　　D. 内部水
答案：B

51. 以下说法中不正确的是（　　）。
A. 利用紫外线消毒的废水，要求色度低，含悬浮物低
B. 臭氧的消毒能力比氯强
C. 污水的pH较高时，次氯酸根浓度增加消毒效果增加
D. 消毒剂与微生物的混合效果越好，杀菌率越高
答案：C

52. 通过三级处理，BOD_5要求降到（　　）以下，并去除大部分氮和磷。
A. 20mg/L　　　　　　B. 10mg/L　　　　　　C. 8mg/L　　　　　　D. 5mg/L
答案：D

53. 气体探测仪是一种检测（　　）的仪器。
A. 气体种类　　　　　　B. 气体密度　　　　　　C. 气体浓度　　　　　　D. 气体体积
答案：C

54. ( )一般用于合流管道,当上中游管道的水量达到一定流量时,由此井进行分流,将过多的水量溢流出去。
   A. 检查井　　　　　B. 溢流井　　　　　C. 冲洗井　　　　　D. 截流井
   答案：B

55. 当采用声呐检查时,管内水深不宜小于( )。
   A. 300mm　　　　　B. 400mm　　　　　C. 500mm　　　　　D. 1000mm
   答案：A

56. ( )管道在流速缓慢的管段,水中杂质容易淤积,影响管道过水量和运行安全。
   A. 重力管涵　　　　B. 压力管涵　　　　C. 截流堰　　　　　D. 雨水泵站
   答案：A

57. 鼓风曝气的气泡在生物池逐步上升时,气泡的氧转移速率( )。
   A. 减小　　　　　　B. 增大　　　　　　C. 不变　　　　　　D. 突变
   答案：A

58. 在分光光度法中,若增加比色皿的厚度则吸光度( )。
   A. 不一定增加　　　B. 不一定减少　　　C. 一定减少　　　　D. 一定增加
   答案：D

59. 反渗透通常用于分离( )大小大致相同的溶剂和溶质。
   A. 物质　　　　　　B. 原子　　　　　　C. 分子　　　　　　D. 有机物
   答案：C

60. 电感量一定的线圈,产生自感电动势大,说明该线圈中通过的电流的( )。
   A. 数值大　　　　　B. 变化量多　　　　C. 时间长　　　　　D. 变化率大
   答案：D

61. N46机械油"46"表示油的( )。
   A. 闪电　　　　　　B. 黏度　　　　　　C. 凝固点　　　　　D. 针入度
   答案：B

62. 对污水中的无机的不溶解物质,常采用( )来去除。
   A. 格栅　　　　　　B. 沉砂池　　　　　C. 调节池　　　　　D. 沉淀池
   答案：B

63. 污水中的氮元素主要以( )形式存在。
   A. 有机氮和氨氮　　　　　　　　　　　B. 有机氮和凯式氮
   C. 有机氮和无机氮　　　　　　　　　　D. 凯式氮和无机氮
   答案：C

64. 在污泥脱水时,投加PAM的作用是( )。
   A. 调节pH　　　　　　　　　　　　　　B. 降低污泥含水率
   C. 减轻臭味　　　　　　　　　　　　　D. 中和电荷,吸附桥架
   答案：D

65. 常见传感器有( )、压力变送器、电磁流量计、温度计等。
   A. 气动闸阀　　　　B. 两位五通阀　　　C. 液位计　　　　　D. 电磁阀
   答案：C

66. 以下属于可拆卸的连接方式是( )。
   A. 螺纹连接　　　　B. 焊接　　　　　　C. 铆接　　　　　　D. 黏接
   答案：A

67. 污泥在管道中的流动的情况与水不相同,污泥流动的阻力随( )增大而增大。
   A. 流速　　　　　　B. 泥温　　　　　　C. 相对密度　　　　D. 重量
   答案：A

68. 以下管道检测主要用于新管道质量检验的是( )。

A. 电视检测　　　　　B. 声呐检测　　　　　C. 闭水试验　　　　　D. 染色试验
答案：C

69. 测定悬浮物时，取适量水样过滤，将滤材连同残渣在(　　)下烘至恒重。
A. 100℃　　　　　B. 103～105℃　　　　　C. 600℃　　　　　D. 95℃
答案：B

70. 一般衡量污水可生化的程度为 BOD_5/COD(　　)。
A. 小于0.1　　　　　B. 小于0.3　　　　　C. 大于0.3　　　　　D. 0.5～0.6
答案：C

71. 下列在城镇污水处理厂的能耗占比最大的能源是(　　)。
A. 电能　　　　　B. 燃料　　　　　C. 药剂　　　　　D. 自来水
答案：A

72. 硝化细菌属于(　　)。
A. 兼性细菌　　　　　B. 自养型厌氧菌　　　　　C. 异养型厌氧菌　　　　　D. 自养型好氧菌
答案：D

73. 电气浮的实质是将含有电解质的污水作为可电解的介质，通过(　　)电极导以电流进行电解。
A. 正　　　　　B. 负　　　　　C. 阳极　　　　　D. 正负
答案：D

74. 生化法去除废水中污染物的过程有吸附、降解、转化、固液分离，其中二沉池的主要作用之一为(　　)。
A. 吸附　　　　　B. 吸收　　　　　C. 固液分离　　　　　D. 降解
答案：C

75. 下列污水深度处理的概念中，主要与脱氮除磷相关的是(　　)。
A. 生化后处理　　　　　B. 二级强化处理　　　　　C. 三级处理　　　　　D. 污水深度处理
答案：B

76. 北京市城镇污水处理厂水污染物排放标准(DB11 890—2012)一级A标准规定新(改、扩)建城镇污水处理厂化学需氧量指标浓度值不得高于(　　)。
A. 40 mg/L　　　　　B. 30 mg/L　　　　　C. 20 mg/L　　　　　D. 10 mg/L
答案：C

77. 澄清池主要是去除悬浮物和(　　)。
A. BOD_5　　　　　B. 胶体颗粒　　　　　C. COD　　　　　D. 氨氮
答案：B

78. 化学沉淀主要用于在废水处理中去除(　　)。
A. 重金属　　　　　B. 盐类　　　　　C. 胶体物质　　　　　D. 悬浮固体
答案：A

79. 污水中的氮元素描述正确的是(　　)。
A. TN＞TKN＞NH_3-N
B. TKN＞NH_3-N＞NOX
C. TKN＞TN＞NOX
D. TKN＞NOX＞NH_3-N
答案：A

80. 污水的物理处理法主要是利用物理作用分离污水中主要呈(　　)污染物质。
A. 漂浮固体状态　　　　　B. 悬浮固体状态　　　　　C. 挥发性固体状态　　　　　D. 有机状态
答案：B

81. 适用于各种城镇污水处理厂，尤其进水悬浮物颗粒有机组分含量较低，无机组分含量较高的是(　　)。
A. 平流沉砂池　　　　　B. 旋流沉砂池　　　　　C. 曝气沉砂池　　　　　D. 初沉池
答案：C

82. 下列不是机械格栅响动异常的可能原因的是(　　)。
A. 链板变形　　　　　B. 轴承损坏　　　　　C. 电机齿轮箱故障　　　　　D. 栅渣量过大

答案：D

83. 溶液加水稀释后，溶液中保持不变的是( )。
 A. 溶液中溶质质量分数
 B. 溶液的质量
 C. 溶质的质量
 D. 溶剂的质量
 答案：C

84. 生物转盘是由( )及驱动装置组成。
 A. 曝气装置、盘片
 B. 盘片、接触反应槽、转轴
 C. 接触反应槽、曝气装置、转轴
 D. 转轴、曝气装置
 答案：B

85. 汞的污染使人产生( )病。
 A. 骨痛病
 B. 水俣病
 C. 癌症
 D. 心脑血管
 答案：B

86. 显微镜的目镜是16×，物镜是10×，则放大倍数是( )倍
 A. 16
 B. 10
 C. 100
 D. 160
 答案：D

87. 《中华人民共和国水污染防治法》由中华人民共和国第十届全国人民代表大会常务委员会第三十二次会议于( )修订通过。
 A. 2008年2月27日
 B. 2008年2月28日
 C. 2008年3月27日
 D. 2008年3月28日
 答案：B

88. 现行版本的《中华人民共和国水污染防治法》于( )第十二届全国人民代表大会常务委员会第二十八次会议修正。
 A. 2017年6月27日
 B. 2017年6月28日
 C. 2017年6月29日
 D. 2017年6月30日
 答案：A

89. 现行版本的《中华人民共和国水污染防治法》自( )起执行。
 A. 2016年1月1日
 B. 2017年1月1日
 C. 2018年1月1日
 D. 2019年1月1日
 答案：C

90. 《城镇排水与污水处理条例》由中华人民共和国国务院于( )发布。
 A. 2012年10月2日
 B. 2012年10月1日
 C. 2013年10月1日
 D. 2013年10月2日
 答案：D

91. 《城镇排水与污水处理条例》自( )起施行。
 A. 2012年1月1日
 B. 2013年1月1日
 C. 2014年1月1日
 D. 2015年1月1日
 答案：C

92. 浊度计是利用水中悬浮杂质对光具有散射作用的原理制成的，其测得的浊度是散射浊度单位( )。
 A. NTU
 B. TU
 C. DTU
 D. JTU
 答案：A

93. 一级处理去除对象为污水中的( )。
 A. 溶解物质
 B. 悬浮物
 C. 胶体物质
 D. 有机物
 答案：B

94. 二级处理一般 BOD_5 的去除率可以在( )以上。
 A. 90%
 B. 80%
 C. 70%
 D. 60%
 答案：A

95. ( )能较确切地代表活性污泥微生物的数量。
 A. SVI
 B. SV%
 C. MLSS
 D. MLVSS
 答案：D

96. SBR 工艺的5个阶段的顺序为( )。
 A. 进水、沉淀、反应(曝气)、排水、待机(闲置)

B. 进水、反应(曝气)、沉淀、排水、待机(闲置)
C. 进水、待机(闲置)、沉淀、排水、反应(曝气)
D. 进水、沉淀、排水、反应(曝气)、待机(闲置)
答案：B

二、多选题

1. 氢氧化钠被使用在水处理的方向包括( )。
   A. 消除水的硬度　　　　　　　　　B. 通过沉淀消除水中重金属离子
   C. 调节水的 pH　　　　　　　　　D. 离子交换树脂的再生
   答案：ABCD

2. 污水中的污染物，按其物理形态来分，可分为( )。
   A. 悬浮状态　　　B. 胶体状态　　　C. 固液混合状态　　　D. 溶解状态
   答案：ABD

3. 污水的生物处理，按作用的微生物，可分为( )。
   A. 好氧还原　　　B. 好氧氧化　　　C. 厌氧还原　　　D. 厌氧氧化
   答案：BC

4. 生物滤池常用的滤料有( )。
   A. 陶粒　　　B. 碎石　　　C. 炉渣　　　D. 焦炭
   答案：ABCD

5. 滤池冲洗强度的影响因素( )。
   A. 冲洗时间　　　B. 进水有机物负荷　　　C. 滤池面积　　　D. 冲洗水量
   答案：ACD

6. 曝气生物滤池的优点包括( )。
   A. 运行费用低　　　　　　　　　B. 抗冲击负荷能力强，耐低温
   C. 对进水 SS 要求严格　　　　　　D. 易挂膜
   答案：ABD

7. 生物滤池的滤料的材质要求包括( )。
   A. 比表面积大　　　B. 孔隙率低　　　C. 强度大　　　D. 化学物理稳定性好
   答案：ACD

8. 生物滤池的结构包括( )。
   A. 出水系统　　　B. 反冲洗系统　　　C. 滤床　　　D. 布水系统
   答案：ABCD

9. 关于厌氧氨氧化反应说法正确的是( )。
   A. 反应过程中 NO_2^- 或 NO_3^- 为电子受体　　　B. 反应过程中 NO_2^- 或 NO_3^- 为电子供体
   C. 反应过程中 CO_2 是其唯一碳源　　　　　　D. 反应过程中 CO_2 不是其唯一碳源
   答案：AC

10. 污泥宜与城镇污水处理厂污泥统一处置，并应达到国家的相关标准，以下正确的是( )。
    A. 现行国家标准《城镇污水处理厂泥质标准》(GB 24166—2009)
    B. 现行国家标准《城镇污水处理厂泥质标准》(GB 24188—2009)
    C. 厂界大气污染物排放标准应符合现况国家标准《城镇污水处理厂污染物排放标准》(GB 18918—2002)
    D. 厂界大气污染物排放标准应符合现况国家标准《城镇污水处理厂污染物排放标准》(GB 19818—2002)
    答案：BC

11. 《城镇污水处理厂污染物排放标准》(GB 18918—2002)标准要求，位于《环境空气质量标准》(GB 3095—2012)一类区的所有(包括现有和新建、改建、扩建)城镇污水处理厂，自标准实施之日起，执行一级标准。以下对于部分指标描述正确的是( )。
    A. 总氮的三级标准是 20mg/L　　　　　　B. 总磷的三级标准是 3mg/L

C. SS 的一级 A 标准是 10mg/L　　　　　　D. 矿物油的二级标准是 5mg/L
答案：CD

12. 近年来，我国城镇排水与污水处理事业取得较大发展，但也存在一些突出问题，以下属于上述问题的是（　　）。
　　A. 城镇排涝基础设施建设滞后，暴雨内涝灾害频发
　　B. 排放污水行为不规范，设施运行安全得不到保障，影响城镇公共安全
　　C. 污水处理厂运营管理不规范，污水污泥处理处置达标率低
　　D. 政府部门监管不到位，责任追究不明确
答案：ABCD

13. 制定和施行《城镇排水与污水处理条例》的目的有（　　）。
　　A. 加强对城镇排水与污水处理的管理　　B. 保障城镇排水与污水处理设施安全运行
　　C. 保障公民生命、财产安全和公共安全　　D. 保护环境
答案：ABCD

14. 制定和施行《中华人民共和国水污染防治法》的目的有（　　）。
　　A. 保护和改善环境　　　　　　　　　　B. 防治水污染
　　C. 保护水生态　　　　　　　　　　　　D. 保障饮用水安全
答案：ABCD

15. 水中的总磷包括（　　）的磷。
　　A. 溶解的　　　　B. 颗粒的　　　　C. 有机的　　　　D. 无机的
答案：ABCD

16. 废水处理方法主要有（　　）。
　　A. 物理法　　　　B. 生物法　　　　C. 生物化学法　　D. 物理化学法
答案：ABCD

17. 污水水质指标通常分为（　　）类。
　　A. 物理指标　　　B. 化学指标　　　C. 生物指标　　　D. 理化指标
答案：ABC

18. 以下关于地下水说法正确的是（　　）。
　　A. 地下水是指赋存于地面以下岩石空隙中的水，狭义上是指地下水面以下饱和含水层中的水
　　B. 地下水是水资源的重要组成部分，由于水量稳定，水质好，是农业灌溉、工矿和城市的重要水源之一
　　C. 在一定条件下，地下水的变化也会引起沼泽化、盐渍化、滑坡、地面沉降等不利自然现象
　　D. 地下水通过排水管道进入污水收集系统，对污水有一定的稀释作用，从而使得污水处理厂的污水浓度降低，对污水处理厂的运行和处理效果造成冲击
答案：ABCD

19. 以下属于生活污水的有（　　）。
　　A. 粪便水　　　　B. 洗浴水　　　　C. 洗涤水　　　　D. 冲洗水
答案：ABCD

20. 以下关于生物处理过程说法正确的是（　　）。
　　A. 采用化学或物理化学方法可以有效地脱氮除磷，如折点加氯或吹脱工艺可以有效地去除氨氮
　　B. 采用混凝沉淀或选择性离子交换工艺可以去除磷
　　C. 生物硝化作用是利用化能自养微生物将氨氮氧化成硝酸盐的一种生化反应过程
　　D. 生物反硝化系指污水中的硝酸盐在缺氧条件下，被微生物还原为氮气的生化反应过程
答案：ABCD

21. 关于生物脱氮说法正确的是（　　）。
　　A. 硝化作用由两类化能自养型细菌参与
　　B. 亚硝化单胞菌首先将氨氮 NH_3-N 氧化成亚硝酸盐 NO_2-N
　　C. 硝化杆菌再将 NO_2-N 氧化成稳定状态的硝酸盐 NO_3-N

D. 反硝化细菌能利用 NO_3^- 中的氧（又称为化合态或硝态氧），继续分解代谢有机污染物去除 BOD_5，并同时将 NO_3^- 中的氮转化为氮气 N_2

答案：ABCD

22. 属于物理化学法的方法有（　　）。
 A. 吸附法　　　　　B. 离子交换法　　　　C. 生物膜法　　　　D. 膜分离法

答案：ABD

23. 下列属于生物膜法水处理工艺的有（　　）。
 A. MBR　　　　　　B. 生物流化床　　　　C. MBBR　　　　　　D. 生物接触氧化法

答案：BCD

24. 污水中的（　　）等营养物质排放到水体，将引起水体富营养化。
 A. 有机物　　　　　B. 氮　　　　　　　　C. 磷　　　　　　　　D. 硫

答案：BCD

25. 废水处理的方法可归纳为（　　）。
 A. 物理法　　　　　B. 化学法　　　　　　C. 物理化学法　　　　D. 生物法

答案：ABCD

26. 悬浮物在水中的沉淀可分为（　　）。
 A. 自由沉淀　　　　B. 絮凝沉淀　　　　　C. 成层沉淀　　　　　D. 压缩沉淀

答案：BCD

27. 城市污水的物理性质包括（　　）。
 A. 水温　　　　　　B. 颜色　　　　　　　C. 气味　　　　　　　D. 氧化还原电位

答案：ABCD

28. A-A-O 脱氮的基本原理是通过微生物的生命活动将污水中含氮的物质经过（　　）转化为 N_2 的过程。
 A. 硝化反应　　　　B. 反硝化反应　　　　C. 投加药剂　　　　　D. 曝气

答案：AB

29. 在供氧的条件下，废水中的氨氮通过生物氧化作用，直接转变为（　　）的形式。
 A. 硝酸盐　　　　　B. 亚硝酸盐　　　　　C. 氮气　　　　　　　D. 其他物质

答案：AB

30. 水中所含总固体包括（　　）。
 A. 可溶性固体　　　B. 胶体　　　　　　　C. 漂浮物　　　　　　D. 悬浮固体

答案：ABD

31. 用于废水处理的膜分离技术包括（　　）。
 A. 扩散渗析　　　　B. 电渗析　　　　　　C. 反渗透　　　　　　D. 深床滤池
 E. 超滤　　　　　　F. 微滤

答案：ABCEF

32. 对于 AB 法 A 段在处理污水过程中的主要特征，描述正确的是（　　）。
 A. 负荷高　　　　　B. 剩余污泥产率低　　C. 水力停留时间较短　D. 泥龄长

答案：AC

33. 城镇污水处理流程的主要处理构筑物有（　　）。
 A. 沉砂池和初次沉淀池　　　　　　　　　B. 格栅
 C. 曝气池和二次沉淀池　　　　　　　　　D. 活性炭吸附池和污泥浓缩池

答案：ABC

34. 水样可以分为（　　）。
 A. 平均污水样　　　B. 定时污水样　　　　C. 混合水样　　　　　D. 瞬时污水样

答案：ABCD

35. 下列与 UASB 反应器特点相符的选项是（　　）。
 A. 颗粒污泥浓度高，沉降性能好，污泥活性高　　B. 容积负荷高，沼气产量大

C. 不可处理高浓度污水　　　　　　　　D. 反应池与沉淀池分开设置

答案：AB

36. 水处理工艺中最常用的消毒方法有（　　）。
A. 氯消毒　　　　B. 臭氧消毒　　　　C. 紫外线消毒　　　　D. 超声波消毒

答案：ABC

37. 二级处理主要是由（　　）构成。
A. 曝气池　　　　B. 沉淀池　　　　C. 污泥回流　　　　D. 剩余污泥排放系统

答案：ABCD

38. 曝气效率与（　　）等因素有关系。
A. 扩散器的种类　　　　B. 曝气池水深　　　　C. 入流水质　　　　D. 混合液的 DO 值

答案：ABCD

39. 二次沉淀池的排泥方式有（　　）。
A. 排泥泵直接排泥　　　　B. 水位差排泥　　　　C. 虹吸式排泥　　　　D. 气体式排泥

答案：ABCD

40. 下列属于消毒剂的是（　　）。
A. 聚合氯化铁　　　　B. 次氯酸钠　　　　C. 漂白粉　　　　D. 臭氧

答案：BCD

41. 氯消毒实际上是（　　）组合消毒。
A. 氯氨　　　　B. 氯　　　　C. 氯气　　　　D. 氯化氢

答案：AB

42. 关于紫外线消毒，下面描述不正确的是（　　）。
A. 采用紫外线消毒，清水渠无水或水位达不到设备工作水位时，严禁开启设备
B. 不得人工清洗玻璃套管
C. 采用紫外线消毒的污水，其透射率应大于 50%
D. 采用紫外线消毒的污水，其透射率应大于 30%

答案：BC

43. 下面能够用于城市污水消毒的是（　　）。
A. 紫外线消毒　　　　B. 臭氧消毒　　　　C. 次氯酸钠消毒　　　　D. 二氧化氯消毒

答案：ABCD

44. 下列属于滤池系统组成部分的有（　　）。
A. 滤料　　　　B. 反冲洗水泵　　　　C. 搅拌机　　　　D. 承托层

答案：ABD

三、简答题

1. 简述生物滤池净化污水的原理。

答：生物滤池是根据土壤自净原理，结合污水灌溉的实践基础，由较原始的间歇砂滤池和接触滤池发展而来的生物处理技术。污水流经由碎石、塑料、陶粒等制成的填料构成的生物处理构筑物，与填料表面生长的微生物膜接触，通过膜上的微生物代谢作用使污水得到净化。

2. 简述好氧生物膜法的特点。

答：好氧生物膜法是属于好养生物处理，即处理主体是好氧微生物，处理对象是可以生化的有机物，条件是有充足的氧气；微生物固定于载体的表面形成生物膜，当废水流经其表面时，互相接触，吸附有机物，并分解氧化被吸附的有机物。

3. 在废水处理中，气浮法与沉淀法相比较，各有何优缺点？

答：气浮法能够分离那些颗粒密度接近或者小于水的细小颗粒，适用于活性污泥絮体不易沉淀或易于产生膨胀的情况，但是产生微气泡需要能量，经济成本较高。

沉淀法能够分离那些颗粒密度大于水、能沉降的颗粒，而且固液分离一般不需要能量，但是一般沉淀池占

地面积较大。

与气浮法相比，沉淀法的优点是此物理过程简便易行，设备简单，固液分离效果良好。与沉淀法相比，气浮法的优点是气浮时间短，一般只需15min左右，去除效率高；对去除废水中的纤维物质特别有效，有利于提高资源利用率，效益好；应用范围广。两者的缺点都是有局限性，单一化。

4. 曝气沉砂池和平流沉砂池各有哪些优缺点？

答：（1）平流式沉砂池

优点：截留无机颗粒较好，工作稳定，构造简单，排砂方便。

缺点：表面附着15%有机物的沉砂容易发生腐败，增加后续处理难度，还须进行洗砂处理。

（2）曝气沉砂池

优点：由于曝气作用，废水中有机颗粒经常处于悬浮状态，砂粒互相摩擦并承受曝气的剪切力，砂粒上附着的有机污染物能够去除，有利于取得较为纯净的砂粒。

缺点：出水的溶解氧含量较高，对生物处理的厌氧及缺氧生物处理产生影响，且曝气会增加污水处理的运行能耗。

5. 简述生物除磷系统厌氧段水力停留时间太短的影响。

答：污水在厌氧段的水力停留时间一般在1.5~2.0h的范围内。停留时间太短，一是不能保证磷的有效释放，二是污泥中的兼性酸化菌不能充分地将污水中的大分子有机物（如葡萄糖）分解成低级脂肪酸（如乙酸），以供聚磷菌摄取，从而也会影响磷的释放。

6. 简述SV_{30}及SVI指标的概念及含义。

答：污泥沉降比（SV_{30}）是指曝气池的混合液在100mL的量筒中，静止30min后，沉降污泥与混合液的体积比。该值是衡量活性污泥沉降性能和浓缩性能的一个指标。通过SV_{30}的测定，可以反映曝气池的活性污泥量，可以及时发现污泥膨胀等异常现象，还可以依据该值控制和调节剩余污泥的排放量。二沉池的SV_{30}一般控制在20%~30%。

污泥容积指数（SVI）是指曝气池混合液在100mL的量筒中，静止30min以后，1g活性污泥悬浮固体所占的体积，以mL计，二沉池的SVI一般控制在50~150mL/g。

四、计算题

1. 求污泥含水率从99.3%降到95.1%，求污泥浓缩后体积与原来的体积的比值。

解：污泥浓缩后体积与原体积的比值 = (1-99.3%)∶(1-95.1%) = 1∶7

2. 已知曝气池有效容积1200m³，日处理水量为2400m³/d，当污泥回流比为1时，则曝气池实际水力停留时间是多少？

解：实际水力停留时间 t = 1200/(2400×2)×24 = 6d

3. 曝气池中污泥浓度X_1为3500mg/L，回流污泥浓度X_2为8000mg/L，求污泥回流比。

解：污泥回流比 R = 回流污泥流量/曝气池进水量 = Q_R/Q

由$X_1(Q+Q_R) = X_2 Q_R$得 3500($Q+Q_R$) = 8000Q_R

则污泥回流比 $R = Q_R/Q = 0.78$

4. 某污水处理厂进水BOD_5和SS分别为200mg/L和325mg/L，处理后出水BOD_5和SS分别为120mg/L和26mg/L，求BOD_5和SS的去除率。

解：去除率 = (进水浓度-出水浓度)/进水浓度×100%

BOD_5去除率 = (200-120)/200×100% = 40%

SS去除率 = (325-26)/325×100% = 92%

5. 平流沉淀池设计流量为1800m³/h，要求沉速等于或大于0.5mm/s的颗粒全部去除，试按理想沉淀条件，求沉速为0.1mm/s的颗粒去除率。

解：颗粒去除率 = 0.1/0.5×100% = 20%

6. 某水处理厂过滤池采用反洗水为12L/(m²·s)，现过滤面积4.5m²，求反洗水泵每小时流量。

解：反洗水泵每小时流量 Q = (12×3600)/1000×4.5 = 194.4m³/h

7. 污泥含水率从97.5%降低到95%时，污泥体积变化多少？

解：体积变化为 $V_2 = V_1(100-P_1)/(100-P_2) = V_1(100-97.5)/(100-95) = 0.5V_1$，即体积减小一半。

8. 某污水处理厂每天产生100m³含水率为99.4%的污泥，要求脱水后的污泥含水率为80%，求脱水后的污泥体积。

解：脱水后的污泥体积 $= 100 \times (1-99.4\%)/(1-80\%) = 3m^3$

9. 某污水采用二级气浮处理工艺，处理量为600m³/h，絮凝药剂采用浓度为10%的硫酸铝，一级气浮投药量为40mg/L；二级气浮投药量为20mg/L，每天配药3次。求每次应配制药液的量。

解：每次应配制药液的量 $w = 24 \times (40+20) \times 600/(10\% \times 3 \times 10^6) = 2.88m^3$

10. 含盐酸废水量 $Q=1000m^3/d$，盐酸浓度7g/L，用石灰石进行中和处理，石灰石有效成分40%，求石灰石每天用量。

解：盐酸浓度7g/L，换算成摩尔浓度为0.19mol/L，对应需要的石灰石含量为盐酸浓度的一半，即0.085 mol/L，换算成质量为8.5g

实际石灰石用量 $= 8.5/40\% = 21.25g/L = 21.25kg/m^3$

每日用量 $= 1000 \times 21.25kg = 21.25t$

第三节 操作知识

一、单选题

1. 缺氧区溶解氧浓度宜控制在( )以下。
   A. 0.1mg/L   B. 0.2mg/L   C. 1 mg/L   D. 2 mg/L
   答案：B

2. 下列不属于离心泵启动前的准备工作的是( )。
   A. 离心泵启动前检查   B. 离心泵充水   C. 离心泵暖泵   D. 离心泵降温
   答案：D

3. 水泵各法兰结合面能涂( )。
   A. 滑石粉   B. 黄油   C. 颜料   D. 胶水
   答案：B

4. 转刷曝气机充氧量随( )的变化而变动。
   A. 转刷浸深和转速   B. 转刷轴长   C. 转刷直径   D. 刷片数量
   答案：A

5. 潜水泵突然停机会造成( )现象。
   A. 水锤   B. 喘振   C. 气浊   D. 以上都不是
   答案：A

6. 下列项目中要求水样用硫酸调节 pH≤2 且保存时间不超过24h 的是( )。
   A. 总氮、氨氮
   B. 氨氮、总磷
   C. 总有机碳、总氮
   D. 化学需氧量、总碱度
   答案：B

7. 下列不是滤池冲洗效果的控制指标的是( )。
   A. 冲洗水用量   B. 冲洗强度   C. 冲洗历时   D. 滤层膨胀率
   答案：A

8. 二沉池的排泥方式应采用( )。
   A. 静水压力   B. 自然排泥   C. 间歇排泥   D. 连续排泥
   答案：D

9. 下列不属于沉淀池异常现象的是( )。

A. 污泥上浮　　　　B. 污泥流出　　　　C. 池水发黑发臭　　　D. 污泥沉降

答案：D

10. 下列不属于二次沉淀池的外观异常现象的是(　　)。
A. 处理出水浑浊　　B. 浮渣上浮　　　　C. 活性污泥流出　　　D. 污泥解体

答案：D

11. 镜检是通过观察指示性微生物的状态来确定细菌和菌胶团的活性，最常见的指示性微生物为(　　)。
A. 钟虫、轮虫、楯纤虫
B. 钟虫、草履虫、楯纤虫
C. 蚜虫、轮虫、楯纤虫
D. 钟虫、丝状菌、楯纤虫

答案：A

12. A/O系统中的厌氧段，要求DO的指标控制为(　　)。
A. 0.5　　　　　　B. 1.0　　　　　　C. 2.0　　　　　　D. 4.0

答案：A

13. 下列关于水质监测方法的描述中错误的是(　　)。
A. 通常采用玻璃电极法和比色法测定pH
B. BOD的经典测定方法是稀释接种法，也是目前我国推荐采用的快速测定方法
C. COD的测定方法最常见的是重铬酸钾法和高锰酸钾法
D. 纳氏试剂法是用来测定氨氮的经典方法

答案：B

14. 紧沉孔内的外六角螺栓要用的扳手类型是(　　)。
A. 套筒扳手　　　　B. 内六扳手　　　　C. 活动扳手　　　　D. 眼镜扳手

答案：A

15. 下列属于重力式浓缩池主要控制参数的是(　　)。
A. 分离率　　　　　B. 浓缩倍数　　　　C. 固体通量　　　　D. 固体回收率

答案：C

16. 污泥干化每运行(　　)个月应对热交换器的密封、压力表、排水帽等进行全面检查、清理，并对所有的密封磨损情况进行详细的记录和跟踪。
A. 1　　　　　　　B. 3　　　　　　　C. 5　　　　　　　D. 6

答案：B

17. 在生物氧化作用不断消耗氧气的情况下，通过曝气保持水中的一定的(　　)。
A. pH　　　　　　B. BOD浓度　　　　C. 污泥浓度　　　　D. 溶解氧浓度

答案：D

18. 无阀滤池在停车过程中，不正确的操作是(　　)。
A. 关进水阀
B. 停运后无须反冲洗
C. 停运后强制反冲洗
D. 将反冲洗水送至系统处理

答案：B

19. 格栅除渣机最为先进和合理的控制方式是(　　)。
A. 人工控制　　　　B. 自动定时控制　　C. 水位差控制　　　D. 温度差控制

答案：C

20. 为使SBR反应器内进行厌氧反应，可采取(　　)方式。
A. 静止进水
B. 边进水边搅拌
C. 边进水边曝气
D. 进水、搅拌、曝气同时进行

答案：B

21. 曝气池中曝气量过大不会导致(　　)。
A. 活性污泥上浮　　B. 活性污泥解体　　C. 活性污泥膨胀　　D. 异常发泡

答案：C

22. 曝气池有臭味说明(　　)。

A. 进水 pH 过低 B. 丝状菌大量繁殖
C. 曝气池供氧不足 D. 曝气池供氧充足
答案：C

23. 周边进水的辐流式二次沉淀池，与中心进水相比，其周边进水可以降低进水的（　　），避免进水冲击池底沉泥，提高池的容积利用系数。
A. 流速 B. 流量 C. 浓度 D. 温度
答案：A

24. 污水处理装置出水长时间超标与工艺操作过程无关的是（　　）。
A. 操作方法 B. 工艺组合
C. 工艺指标控制 D. 实际进水水质超出设计范围
答案：D

25. 对于滤布滤池的运行与维护，以下描述不正确的是（　　）。
A. 水力负荷不宜大于 25 $m^3/(m^2 \cdot h)$
B. 反冲洗周期应根据进水水质，滤池液位及运行时间确定；反冲洗转速宜为 0.5~1r/min；反冲洗水量宜为处理水量1%
C. 应定期检查滤布，发现破损应及时更换
D. 应定时检查滤布滤池吸泥泵，电气仪表及附属设备运行状况，并做好设备、环境的清洁工作及传动部位的保养工作
答案：A

26. 沉淀池运行管理的主要工作为（　　）。
A. 取样 B. 清洗 C. 撇浮渣 D. 排泥
答案：D

27. 巡检时发现二沉池泥水界面接近水面，部分污泥碎片溢出应（　　）。
A. 停机检查 B. 投加絮凝剂 C. 减少出水流速 D. 加大剩余污泥排放量
答案：D

28. 为使均质调节系统具备开工，下列各项准备工作中，错误的做法是（　　）。
A. 确定均质调节系统工艺流程
B. 检查均质调节系统动力设备及仪表是否处于备用状态
C. 将事故池装满清水，以备稀释高浓度污水
D. 检查 pH 调整剂投加系统是否处于备用状态
答案：C

29. 下列关于小型移动式潜水泵启动前的做法错误的是（　　）。
A. 在接通电源之前应盘车 B. 在下水之前先接通电源观察转向是否正确
C. 用卡箍将出水软管接到水泵上 D. 用电缆轻轻将水泵吊入水中
答案：D

30. 竖流式沉淀池的排泥方式一般采用（　　）方法。
A. 自然排泥 B. 泵抽取 C. 静水压力 D. 机械排泥
答案：C

31. 一般正常情况下，MBR 系统生物池污泥浓度应当控制在（　　）。
A. 1500~3000mg/L B. 7000~10000mg/L
C. 5000~10000mg/L D. 11000~14000mg/L
答案：B

34. 滤池进水浊度以控制在（　　）NTU 以下，滤后水浊度不得大于（　　）NTU。
A. 5, 1 B. 10, 5 C. 10, 1 D. 15, 10
答案：B

35. 滤池应设置清水池水质检测点，每日监测化验不得少于（　　）次，当发现水质超标时，应立即采取相

应措施。

A. 1 B. 2 C. 3 D. 4

答案：A

36. 酸烧伤时，应用（　　）溶液清洗。

A. 5%碳酸钠　　B. 5%碳酸氢钠　　C. 清水　　D. 5%硼酸

答案：B

37. 活性污泥生物池中的厌氧段，要求 DO 的指标控制在（　　）以下。

A. 0mg/L　　B. 0.2mg/L　　C. 0.6mg/L　　D. 1.0mg/L

答案：B

38. 以下属于移液管的正确操作的是（　　）。

A. 三指捏在移液管刻度线以下 B. 三指捏在移液管上端
C. 可以拿在移液管任何位置 D. 必须两手同时握住移液管

答案：B

39. 保存测定总氮的水样时，应（　　）。

A. 用氢氧化钠调节 pH>8，冷冻保存 B. 不需要加试剂保存
C. 用浓硫酸调节 pH 至 1~2，常温保存 7d D. 加硝酸保存

答案：C

40. 滴定管活塞中涂凡士林的目的是（　　）。

A. 防止漏液 B. 使活塞转动灵活
C. 使活塞转动灵活并防止漏液 D. 以上都不正确

答案：C

41. 不小心把浓硫酸滴到手上，应采取的措施是（　　）。

A. 立即用纱布拭去酸，再用大量水冲洗，然后涂碳酸氢钠溶液 B. 用氨水中和
C. 用水冲洗 D. 用纱布擦洗后涂油

答案：A

42. 下列需要每周都测的污水检测指标是（　　）。

A. 氯化物　　B. 硫化物　　C. 氟化物　　D. 烷基汞

答案：A

43. 下列需要每月都测的污水检测指标是（　　）。

A. 石油类和挥发酚　　B. 总汞与烷基汞　　C. 氯化物与氟化物　　D. COD 与 pH

答案：A

44. 下列需要每半年测 1 次的污水检测指标是（　　）。

A. 阴离子表面活性剂　　B. 硫化物　　C. 氯化物　　D. 烷基汞

答案：D

45. 污泥监测项目中，粪大肠杆菌数检测周期为（　　），总汞总砷检测周期为（　　）。

A. 每周，每半年　　B. 每月，每半年　　C. 每周，每季度　　D. 每月，每季度

答案：B

二、多选题

1. 出现（　　）情况时，需及时排泥。

A. 池面有大量浮泥且有大量气泡产生 B. 出水水质变黑或恶化
C. 排泥管内污泥颜色变黑 D. 泥区回流液的含固量增加

答案：ACD

2. 对于一般城市污水的初沉池，当后续工艺为活性污泥法时，表面负荷采用（　　）；当后续工艺为生物滤池等膜工艺时，表面负荷采用（　　）。

A. 1.3m³/(m²·h)，1.7m³/(m²·h)　　B. 0.85m³/(m²·h)，1.2m³/(m²·h)

C. 1.5m³/(m²·h), 1.9m³/(m²·h)　　　　　D. 0.65m³/(m²·h), 1.0m³/(m²·h)
答案：AB

3. 实际测得的 MLSS,是混合液的滤过性残渣,包括(　　)。
A. 活性污泥絮体内的活性微生物量　　　B. 非活性的有机物
C. 非活性的无机物　　　　　　　　　　D. 可溶于水的盐类物质
答案：ABC

4. 曝气池调控判断因素包括(　　)。
A. 浊度　　　　B. 流态　　　　C. 颜色　　　　D. 气味
答案：CD

5. 正常的活性污泥中,一般都存在的微型指示生物包括(　　)、轮虫、线虫。
A. 变形虫　　　B. 鞭毛虫　　　C. 钟虫　　　　D. 草履虫
答案：ABCD

6. 造成二次沉淀池出水浑浊的原因有(　　)。
A. 曝气池处理效率降低使胶体有机残留　　B. 硫化氢氧化造成单质硫析出
C. 活性污泥解体　　　　　　　　　　　　D. 泥沙或细小的氢氧化铁等无机物。
答案：ABCD

7. 生产运行记录均由经过培训的运行人员填写,记录填写人员对记录内容的(　　)负责。
A. 真实性　　　B. 准确性　　　C. 有效性　　　D. 全面性
答案：ABC

8. 在交接班记录表中,需要认真填写值班的信息有(　　)。
A. 值班日期　　B. 天气　　　　C. 交接时间　　D. 交接人员
答案：ABCD

9. 曝气池运行记录中缺氧段和厌氧段的搅拌器、回流渠道的搅拌器状态,须按(　　)的实际情况填写,计算设备当日累计运行时间并填写。
A. 运行　　　　B. 备用　　　　C. 故障　　　　D. 检修
答案：ABCD

10. 曝气池运行记录中曝气状态、混合液状态根据实际情况填写(　　)。
A. 良好　　　　B. 一般　　　　C. 较差　　　　D. 合格
答案：ABC

11. 生产计划编制内容包括(　　)。
A. 水量　　　　B. 泥质　　　　C. 能耗　　　　D. 项目维修
答案：ABCD

12. 以下要素及其实施方式中,可以分析判断一个污水处理工艺方案的基本功能、运行特征、限制因素和可能出现的问题的是(　　)。
A. 泥龄　　　　B. 电子受体　　C. 流态分布　　D. 污泥维持
答案：ABCD

13. 清理格栅时,应注意的操作有(　　)。
A. 观察栅前水位　　　　　　　　　　　B. 进行有毒气体监测
C. 进行人工清渣操作　　　　　　　　　D. 观察栅渣污堵情况
答案：ABCD

14. 为了使活性污泥曝气池正常运转,应认真做好的记录有(　　)。
A. 严格控制进水量和负荷
B. 控制污泥浓度和认真做好记录,及时分析运行数据
C. 控制回流污泥量,注意活性污泥的质量和适当供氧
D. 严格控制排泥量和排泥时间
答案：ABCD

15. 引起活性污泥膨胀因素有( )。
A. 水质、温度 B. 负荷 C. 冲击 D. 毒物、厌氧
答案：ABCD

16. 巡检生物池，应注意观察活性污泥和回流污泥的( )。
A. 浓度 B. 颜色 C. 嗅味 D. SVI
答案：ABC

17. 通过显微镜观察生物相可以了解( )。
A. 硝化细菌活性 B. 原生动物 C. 丝状菌 D. 活性污泥菌胶团
答案：BCD

18. 搅拌器无法开启的可能原因有( )。
A. 主电路没有电压 B. 控制线路故障 C. 过载保护没有复位 D. 叶轮卡死
答案：ABCD

19. 搅拌器搅拌效果差的原因可能是( )。
A. 叶轮旋向错误 B. 转速不足 C. 密封环磨损 D. 搅拌液体黏度太高
答案：ABCD

20. 回流泵和剩余泵的电流过大的原因有( )。
A. 工作电压太低 B. 工作电压太高 C. 输送液体黏度太高 D. 叶轮卡死
答案：ACD

21. 控制箱合上总电源前，应先检查( )有无出现过热、变色现象。
A. 断路器 B. 接触器 C. 接线端子 D. 接线
答案：ABCD

22. 曝气池污泥解体的表征有( )。
A. 处理水质浑浊 B. 30 min 沉降比大于80%
C. 污泥絮体小 D. 污泥有异味
答案：ACD

三、简答题

1. 简述曝气池工艺运行要点。

答：(1)要经常检查、调整曝气池配水系统和回流污泥分配系统，确保进入各系列或各池之间的污水和污泥均匀。

(2)曝气池的边角处一般仍会飘浮部分浮渣，应及时清除。

(3)定期观测曝气池的泡沫发生情况以及扩散器堵塞情况，以便及时处理。

(4)曝气池一般在地下较深处，如果地下水位较高，当池子放空时，应注意先降水位再放空，以免漂池。

(5)曝气池一般较深，应注意及时修复或更换损坏的栏杆，以免出现安全问题。

2. 纯氧曝气运行管理需注意哪些问题？

答：(1)为避免溶解氧动力的浪费，混合液溶解氧应控制在4mg/L左右。

(2)严格控制池内可燃气浓度，一般将其报警值设为25%，并控制进水中油的含量。

(3)为避免池内压力超标，曝气池首尾两段的正压负压双向安全阀要定期进行校验复核。

(4)溶解氧探头的测定值必须准确可靠，必须按照有关规定定期校验复核。

(5)避免纯氧曝气池泡沫的积累，设法控制进水中产生泡沫物质的含量，否则要有有效的消泡手段。

3. 改善污泥重力浓缩的措施有哪些？

答：(1)加强对曝气池等水处理构筑物的管理，可得到浓缩性较好的剩余活性污泥。

(2)浓缩池设除浮渣装置及合理地安装搅动栅。

(3)初沉池污泥与剩余活性污泥分别进行浓缩。

(4)设除臭装置，浓缩池加盖，将产生的臭气集中起来进行除臭处理。

4. 简述生化池溶解氧长期偏低的原因及对策。

答：生化池在生化池溶解氧长期偏低时，可能有两种原因，一是活性污泥负荷过高，若检测活性污泥的好氧速率，往往大于 $20mg\ O_2/(g\ MLSS·h)$，这时须增加曝气池中活性污泥的浓度。二是供氧设施功率过小，应设法改善，可采用氧转移效率高的微孔曝气器；有时还可以增加机械搅拌打碎气泡，提高氧转移效率。

5. 简述刮泥机的电动机不正常升温的可能原因及解决办法。

答：(1)通风问题，解决方法是监测电机周围环境；清洗通风盖和冷却风扇；检查扇片是否正确安装到轴上。

(2)供电电压，解决方法是检查供电线路和线圈阻力。

(3)电路连接问题，解决方法是检查控制箱内线路。

(4)过载，解决方法是检查实际电流与铭牌上电流。

(5)局部短路，解决方法是检查线圈的阻值及其安装正确与否。

四、实操题

1. 如何利用显微镜观察曝气池活性污泥生物相并存储照片？

答：(1)开启电脑。

(2)分别取样品约100ml倒入小烧杯中。

(3)待污泥沉淀后，用胶头滴管从烧杯底部吸取一滴并释放到洁净的载玻片的中央。如样品中污泥较多，则应稀释后进行观察。

(4)小心地用洁净的盖玻片覆盖，制成标本。加盖玻片时应使其中一侧已接触到水滴后才放下，否则会在片内形成气泡影响观察。

(5)打开显微镜电源。

(6)选择适当放大倍数的目镜和物镜。

(7)调节载物台、光源、物镜的位置以达到最佳观察效果。

(8)将标本放到显微镜下观察，观察活性污泥状态，做好记录，在电脑中存储有代表性的微生物照片。

(9)做完镜检后，把物镜调至空挡位置，载物台调至最高，将载物台擦净，用镜头纸擦净目镜和物镜。

(10)关闭显微镜和电脑。

2. 简述镜检及生物相的判断方法。

答：(1)将样品瓶中活性污泥用玻璃棒搅拌均匀，倒入烧杯少许。

(2)使用玻璃棒将烧杯中样品轻轻搅匀，用滴管深入样品中间深度位置，吸取样品。

(3)挤出前端2~3滴样品，随后滴加1~2滴样品到载玻片中央。

(4)用镊子捏住一片盖玻片，与载玻片呈45°角，从一侧先接触液滴，随后缓慢盖在样品上，防止标本片内产生气泡。

(5)用吸水纸吸取多余的液体。注意由于观察时需要标本片内有一定的水，吸取多余液体时以边缘无液体形成液滴留下为准。

(6)将做好的标本片放置在载物台上，并用标本夹固定。

(7)调整横向和纵向移动旋钮，使观测目的物对准圆孔的中央。

(8)旋动物镜转换器，将低倍镜移到镜筒正下方的工作位置。

(9)向下旋转粗调焦螺旋，眼睛注视物镜，防止物镜和标本片相碰甚至压碎标本片，至见到目的物为止，调节细调焦螺旋。

(10)旋转物镜转换器换至高倍镜，微微上下调节细调焦螺旋，直至目的物清晰。

(11)指出观察到具体生物相名称、指示作用，并进行拍照，判断污泥活性性状。

(12)转动粗调节螺旋，使载物台下降(或镜筒上升)；取出标本玻片，将其放入另一个装废弃物的烧杯中，待清洗或清洗；把镜头转成八字形，或将低倍镜移至中央，擦拭操作台保持整洁。

3. 简述对进水提升泵房进行巡视和监测的内容。

答：(1)进水泵房的进水闸是否能够正常运行。

(2)叠梁闸后面的孔板格栅应及时清理，否则会产生异味及有害气体。

(3)观察进水提升泵、变频器、液位计等设备有无异响、无示数等不良现象，发现异常及时排除。

(4)声波液位计、自动水样采样器、硝酸盐氮分析仪、氨氮分析仪、溶解氧分析仪、浊度分析仪、pH及温度分析仪等在线仪表是否正常。

(5)随水量变化及时调整提升水泵的运行台数和频率,保障后续工艺运行。

4. 简述刮泥机出现停机故障的操作措施。

答:(1)检查接线头情况,如有脱落予以恢复;如有烧蚀现象,重新更换线卡、恢复接线。

(2)检查滑环情况,如有脱落予以恢复;如有烧蚀现象予以更换。

(3)用万用表进行检测电缆,如有线缆不通、断股现象,更换备用线。

(4)用万用表进行检测端子箱,如有线缆不通、断股现象,更换电缆。

5. 简述鼓风机的开机程序。

答:(1)将风机置于手动控制状态下(按就地控制运行按钮)。

(2)按启动鼓风机按钮(电油泵自动运转至少1min,待油压正常后,风机启动,进口导叶自动打开,放空阀自动关阀),待运行稳定后,根据需要调节出口导叶开度。

(3)有多台风机同时运行时,应保证其出口导叶开度接近,以防喘振。

(4)若PRC功能正常,可选择将风机投入PRC模式,此时进口导叶自动调节,PRC模式用于在风机不喘振的前提下,尽可能降低进口导叶开度,从而达到节电的效果。

(5)将所开鼓风机相对的动力柜上的表底数记在记录本上。

6. 简述甲醇加药间的巡检内容。

答:(1)巡视加药泵运行状态及流量是否正常。

(2)查看加药管线、药剂储罐有无破损及跑冒滴漏等现象。

(3)巡视储罐内药剂液位。

第三章

高级工

第一节 安全知识

一、单选题

1. 下列不属于危险源防范措施中人为失误的是( )。
   A. 操作失误　　　　　B. 懒散　　　　　　C. 未正确佩戴安全帽　　D. 遵守规章制度
   答案：D

2. 下列不属于有限空间作业应急救援须佩戴的装备是( )。
   A. 安全帽　　　　　　B. 正压呼吸器　　　C. 过滤式面具　　　　　D. 安全带
   答案：C

3. 有限空间作业安全管理方面的措施不包括( )。
   A. 装备配备　　　　　B. 作业审批　　　　C. 培训教育　　　　　　D. 现场检查
   答案：D

4. 进入前应先检测确认有限空间内有害物质浓度，作业前( )，应再次对有限空间有害物质浓度采样，分析合格后方可进入有限空间。
   A. 10min　　　　　　B. 20min　　　　　C. 30min　　　　　　　D. 40min
   答案：C

5. 可能存在或可能产生有毒气体或缺氧条件的环境为( )。
   A. 潮湿或有水源部位　B. 储气罐　　　　　C. 干涸的河道　　　　　D. 维修车间
   答案：A

6. 对日常操作中存在的( )提前告知，使职工熟悉伤害类型与控制措施。
   A. 安全隐患　　　　　B. 注意事项　　　　C. 危险源　　　　　　　D. 岗位职责
   答案：C

7. 下列不属于作业人员对危险源的日常管理的是( )。
   A. 严格贯彻执行有关危险源日常管理的规章制度
   B. 做好安全值班和交接班
   C. 按安全操作规程进行操作
   D. 上岗前由班组长查看值班人员精神状态
   答案：D

8. 在有限空间作业，( )应当监督作业人员按照方案进行作业准备。
   A. 现场作业人员　　　B. 现场监护人员　　C. 现场负责人　　　　　D. 项目负责人
   答案：C

9. 工贸企业应当按照有限空间作业方案，明确作业现场负责人、监护人员、作业人员及其( )。

A. 安全职责　　　　B. 工作任务　　　　C. 上级指示　　　　D. 自身岗位
答案：A

10. 下列对危险源防范的技术控制措施描述正确的是(　　)。
A. 除系统中的危险源，可以从根本上防止事故的发生；按照现代安全工程的观点，可以彻底消除所有危险源
B. 当操作者失误或设备运行达到危险状态时，应通过连锁装置终止危险、危害发生
C. 在所有作业区域应设置醒目的安全色、安全标志，必要时，设置声、光或声光组合报警装置
D. 选择降温措施、避雷装置、消除静电装置、减震装置等属于危险源防范措施中的消除措施
答案：B

11. 工贸企业应当根据有限空间存在危险有害因素的种类和危害程度，为作业人员提供符合国家标准或者行业标准规定的(　　)。
A. 应急救援物资　　　　　　　　B. 安全防护设施
C. 劳动防护用品　　　　　　　　D. 良好的作业环境
答案：C

12. 对于有限空间现场操作的说法正确的是(　　)。
A. 有限空间作业活动中，不允许存在交叉作业，以免发生互相伤害。
B. 有限空间作业结束后，作业人员应当对作业现场进行清理，撤离作业人员。
C. 有限空间作业现场应明确监护人员和作业人员，监护人员应在有限空间内进行，不得离开作业现场，并与作业人员保持联系。
D. 在有限空间外敞面醒目处，设置警戒区、警戒线、警戒标志，未经许可，不得入内。
答案：D

13. 将有限空间作业发包给其他单位实施的，下列描述中正确的是(　　)。
A. 生产经营单位可将有限空间施工作业发包给具有相应建筑资质的承包商
B. 应与承包方签订专门的安全生产管理协议或者在承包合同中明确受限空间作业中的安全责任全部由发包方承担
C. 将有限空间作业交给承包方进行的，生产经营单位无须对作业过程中的安全进行管理
D. 存在多个承包方时，生产经营单位应当对承包方的安全生产工作进行统一协调、管理
答案：D

14. 下列不属于有限空间应急救援器材的是(　　)。
A. 呼吸器　　　　B. 防毒面罩　　　　C. 气体检测仪　　　　D. 安全绳索
答案：C

15. 应掌握相关有限空间应急预案内容，并定期进行演练的人员不包括(　　)。
A. 现场负责人　　　B. 其他作业人员　　　C. 监护人员　　　D. 应急救援人员
答案：B

16. 有限空间作业中发生事故后，现场有关人员应当立即(　　)。
A. 报警　　　　B. 施救　　　　C. 报告上级　　　　D. 远离现场
答案：A

17. 污水处理过程中应用多种电气设备，发生触电伤害事故的原因包括(　　)。
A. 电气设备质量不合格
B. 电气设备安装不恰当、使用不合理、维修不及时
C. 工作人员操作不规范等
D. 以上均正确
答案：D

18. 下列不属于危险源防范的防护措施的是(　　)。
A. 使用安全阀　　B. 安装漏电保护装置　　C. 使用安全电压　　D. 设置安全罩
答案：D

19. 有限空间作业前应对从事有限空间作业人员进行（　　），包括作业内容、职业危害等内容。
A. 危害告知　　　B. 风险告知　　　C. 培训教育　　　D. 安全交底
答案：C

20. 有限空间作业前应对紧急情况下的（　　）进行教育。
A. 个人避险常识　　　　　　　　　B. 中毒窒息
C. 其他伤害的应急救援措施　　　　D. 以上均正确
答案：D

21. 以下有限空间作业描述不正确的是（　　）。
A. 生产经营单位应建立有限空间作业审批制度、有限空间安全设施监管制度
B. 三不进入，即未进行通风不进入，未实施监测不进入，监护人员未到位不进入
C. 检测人员不必采取相应的安全防护措施，因为检测人员在有限空间外进行检测
D. 作业过程中应对气体进行连续监测，避免突发风险，一旦出现报警，有限空间内作业人员需马上撤离
答案：C

22. 下列描述不属于有限空间现场管理的要求的是（　　）。
A. 设置明显的安全警示标志和警示说明
B. 作业前清点作业人员和工器具
C. 作业人员与外部有可靠的通讯联络
D. 发现通风设备停止运转，应指派一名作业人员对风机进行检查，确保风机设备无故障
答案：D

23. 防止触电技术措施包括（　　）。
A. 直接触电防护措施与间接触电防护措施　　B. 个体防护和隔离防护
C. 屏蔽措施和安全提示　　　　　　　　　　D. 安全电压和教育培训
答案：A

24. 采用悬架或沿墙架设时，房内不得低于（　　），房外不得低于4.5m，确保电线下的行人、行车、用电设备安全。
A. 1.75m　　　B. 2m　　　C. 2.25m　　　D. 2.5m
答案：D

25. 以下应急措施描述不正确的有（　　）。
A. 发生高空坠落事故后，现场知情人应当立即采取措施，切断或隔离危险源，防止救援过程中发生次生灾害
B. 遇有创伤性出血的伤员，应迅速包扎止血，使伤员保持在头高脚低的卧位，并注意保暖
C. 当发生人员轻伤时，现场人员应采取防止受伤人员大量失血、休克、昏迷等的紧急救护措施
D. 如果伤者处于昏迷状态但呼吸心跳未停止，应立即进行口对口人工呼吸，同时进行胸外心脏按压。昏迷者应平卧，面部转向一侧，维持呼吸道通畅，防止分泌物、呕吐物吸入
答案：B

26. 出血有动脉出血、静脉出血和毛细血管出血。动脉出血呈（　　）色，喷射而出。
A. 鲜红　　　B. 暗红　　　C. 棕红　　　D. 以上均不正确
答案：A

27. 胸外心脏按压的按压频率为（　　）。
A. 60～70次/min　　B. 70～80次/min　　C. 80～100次/min　　D. 至少100次/min
答案：C

28. （　　）是最常用的伤员搬运方法，适用于路程长、病情重的伤员。
A. 担架搬运法　　　　　　B. 单人徒手搬运法
C. 双人徒手搬运法　　　　D. 背负搬运法
答案：A

29. 溺水救援中，（　　）指救援者直接向落水者伸手将淹溺者拽出水面的救援方法。

A. 伸手救援　　　　　B. 藉物救援　　　　　C. 抛物救援　　　　　D. 下水救援

答案：A

30. 采用紫外消毒系统时，人工清洗玻璃套管应（　　）。

A. 戴棉手套和防护眼镜　　　　　　　　B. 戴橡胶手套和防护眼镜

C. 穿下水工作服并戴防护眼镜　　　　　D. 穿下水工作服并戴棉手套

答案：B

31. 一般（　　）使用临时线。

A. 禁止　　　　　　B. 可以　　　　　　C. 必须　　　　　　D. 视情况而定是否

答案：A

32. 关于安全用电，以下描述不正确的是（　　）。

A. 临时线路不得有裸露线，电气和电源相接处应设开关、插座，露天的开关应装在箱匣内保持牢固，防止漏电，临时线路必须保证绝缘性良好，使用负荷正确

B. 设备中的保险丝或线路当中的保险丝损坏后可以用铜线、铝线、铁线代替，空气开关损坏后应立即更换，保险丝和空气开关的大小一定要与用电容量相匹配，否则容易造成触电或电气火灾

C. 各种机电设备上的信号装置、防护装置、保险装置应经常检查其灵敏性，保持齐全有效，不准任意拆除或挪用配套的设备

D. 一定要按临时用电要求安装线路，严禁私接乱拉，先把设备端的线接好后才能接电源，还应按规定时间拆除

答案：B

33. 以下关于危险化学品储存的描述不正确的是（　　）。

A. 危险化学品在特殊情况下可与其他物资混合储存

B. 堆垛不得过高、过密

C. 应该分类、分堆储存

D. 堆垛之间以及堆垛于墙壁之间，应该留出一定间距、通道及通风口

答案：A

34. 性质不稳定、容易分解和变质以及混有杂质而容易引起燃烧、爆炸危险的危险化学品，应该进行检查、测温、化验，防止（　　）。

A. 受污染　　　　　　B. 汽化　　　　　　C. 自燃与爆炸　　　　　　D. 超压

答案：C

35. 安全阀在（　　）时起跳，主要作用是保护设备，管线不受损害。

A. 泄漏　　　　　　B. 鉴定　　　　　　C. 放空　　　　　　D. 超压

答案：D

36. 关于危险化学品的一般安全规程，以下描述正确的是（　　）。

A. 危险化学品的使用无须考虑用量，但必须做好登记

B. 使用人员不需提前了解危险化学品的特性，但必须正确穿戴、使用各种安全防护用品用具

C. 使用人员做好个人安全防护工作，严格按照危险化学品操作规程操作

D. 使用过程中暂存危险化学品的，应在固定地点混合存放

答案：C

37. 对废弃的危险化学品，应依照该化学品的特性及相关规定（　　）。

A. 分类、同区域收集　　　　　　　　B. 混合、分区域收集

C. 混合、同区域收集　　　　　　　　D. 分类、分区域收集

答案：D

38. 机械设备使用的基本安全要求描述不正确的是（　　）。

A. 机械设备严禁带故障运行，千万不能凑合使用，以防出事故

B. 紧固的物件看看是否由于振动而松动，以便重新紧固

C. 操作前要对机械设备进行安全检查，检查后就可直接运转

D. 必须正确穿戴好个人防护用品

答案：C

39. 关于池边作业安全规程，以下描述不正确的是（　　）。

　　A. 遇到恶劣天气时，如雷雨天、大雪天等，不应登高作业，确因抢险须登高作业，必须采取确保安全的安全措施

　　B. 在曝气池上工作时，应系好安全带，因曝气池的浮力比水池低，坠入曝气池很难浮起，坠落曝气池时，必须马上拽出水面，以确保安全

　　C. 在水池周边工作时，应穿救生衣，以防落入水中

　　D. 在水池周边工作时，为了工作便利，可以单独一人操作

答案：D

40. 发现其他人坠落溺水后，应立刻（　　）。

　　A. 下水救援　　　　B. 呼叫专业救援人员　　　　C. 尽快撤离　　　　D. 寻找救援设备

答案：B

41. 在水池周边工作时，不要单独1人操作，应至少（　　）人。

　　A. 1　　　　B. 2　　　　C. 3　　　　D. 4

答案：B

42. 按照社会危害程度、影响范围等因素，自然灾害、事故灾难、公共卫生事件分为（　　）级。

　　A. 二　　　　B. 三　　　　C. 四　　　　D. 五

答案：C

43. （　　）是企业制定安全生产规章制度的重要依据。

　　A. 国家法律、法规的明确要求　　　　B. 劳动生产率提高的需要

　　C. 员工认同的需要　　　　D. 市场发展的需要

答案：A

44. （　　）是开展安全管理工作的依据和规范。

　　A. 各项规章制度　　　　B. 员工培训体系　　　　C. 应急管理体系　　　　D. 设备管理体系

答案：A

45. 通过制定（　　），有效发现和查明各种危险和隐患，监督各项安全制度的实施，制止违章作业，防范和整改隐患。

　　A. 安全生产会议制度　　　　B. 安全生产教育培训制度

　　C. 安全生产检查制度　　　　D. 职业健康方面的管理制度

答案：C

46. 无心搏患者的现场急救，需采用心肺复苏术，现场心肺复苏术一般称为ABC步骤，其中A是指（　　）。

　　A. 人工呼吸　　　　B. 患者的意识判断和打开气道

　　C. 胸外心脏按压　　　　D. 快速送医

答案：B

47. 无心搏患者的现场急救，需采用心肺复苏术，现场心肺复苏术一般称为ABC步骤，其中C是指（　　）。

　　A. 人工呼吸　　　　B. 患者的意识判断和打开气道

　　C. 胸外心脏按压　　　　D. 快速送医

答案：C

48. 关于火灾逃生自救，以下描述正确的是（　　）。

　　A. 身上着火，要迅速奔跑到室外

　　B. 室外着火，门已发烫，千万不要开门，以防大火蹿入室内，要用干燥的被褥、衣物等堵塞门窗缝

　　C. 若所逃生线路被大火封锁，要立即退回室内，用打手电筒、挥舞衣物，呼叫等方式向窗外发送求救信号，等待救援

　　D. 千万不要盲目跳楼，可利用疏散楼梯、阳台、落水管等逃生自救；也可用绳子把床单、被套撕成条状连成绳索，紧拴在桌椅上，用毛巾、布条等保护手心，顺绳滑下，或下到未着火的楼层脱离险境

答案：C

49. 止血带使用方法描述不正确的是（　　）。
A. 在伤口近心端下方先加垫
B. 急救者左手拿止血带，上端留5寸（约16.67cm），紧贴加垫处
C. 右手拿止血带长端，拉紧环绕伤肢伤口近心端上方两周，然后将止血带交左手中、食指夹紧
D. 左手中、食指夹止血带，顺着肢体下拉成环

答案：A

50. 关于使用止血带时应注意的事项，下列描述不正确的是（　　）。
A. 上止血带的部位要在创口上方（近心端），尽量靠近创口，但不宜与创口面接触
B. 在上止血带的部位，必须先衬垫绷带、布块，或绑在衣服外面，以免损伤皮下神经
C. 绑扎松紧要适宜，太松损伤神经，太紧不能止血
D. 绑扎止血带的时间要认真记录，每隔0.5h（冷天）或者1h应放松1次，放松时间1~2min。绑扎时间过长则可能引起肢端坏死、肾衰竭

答案：C

51. 防范有毒有害气体中毒的措施不包括（　　）。
A. 掌握有毒有害气体相关知识 B. 正确佩戴合适的防护用品
C. 每间隔30min进行1次气体含量检测 D. 气体检测报警时，应撤离现场

答案：A

52. （　　）是指如果伤口处很脏，而且仅仅是往外渗血，为了防止细菌的深入，导致感染，则应先清洗伤口。一般可以清水或生理盐水。
A. 立刻止血　　B. 清洗伤口　　C. 给伤口消毒　　D. 快速包扎

答案：B

53. （　　）是指为了防止细菌滋生，感染伤口，应对伤口进行消毒，一般可以消毒纸巾或者消毒酒精对伤口进行清洗，可以有效地杀菌，并加速伤口的愈合。
A. 立刻止血　　B. 清洗伤口　　C. 给伤口消毒　　D. 快速包扎

答案：C

54. 根据灭火的原理，灭火的方法包括（　　）种。
A. 3　　B. 4　　C. 5　　D. 6

答案：B

55. （　　）是指将灭火剂直接喷洒在可燃物上，使可燃物的温度降低到自燃点以下，从而使燃烧停止。
A. 冷却灭火法　　B. 隔离灭火法　　C. 窒息灭火法　　D. 抑制灭火法

答案：A

56. （　　）是指将燃烧物与附近可燃物隔离或者疏散开，从而使燃烧停止。
A. 冷却灭火法　　B. 隔离灭火法　　C. 窒息灭火法　　D. 抑制灭火法

答案：B

57. （　　）是指采取适当的措施，阻止空气进入燃烧区，或惰性气体稀释空气中的氧含量，使燃烧物质缺乏或断绝氧而熄灭，适用于扑救封闭式的空间、生产设备装置及容器内的火灾。
A. 冷却灭火法　　B. 隔离灭火法　　C. 窒息灭火法　　D. 抑制灭火法

答案：C

58. 卤代烷灭火剂灭火所采用的方法是（　　）。
A. 冷却灭火法　　B. 隔离灭火法　　C. 窒息灭火法　　D. 抑制灭火法

答案：D

59. （　　）灭火器适用于扑救木、棉、毛、织物、纸张等一般可燃物质引起的火灾，但不能用于扑救油类、忌水和忌酸物质及带电设备的火灾。
A. 空气泡沫　　B. 手提式干粉　　C. 二氧化碳　　D. 酸碱

答案：D

二、多选题

1. 消除控制危险源的技术控制措施包括（　　）。
   A. 改进措施　　B. 隔离措施　　C. 消除措施
   D. 连锁措施　　E. 警告措施
   答案：BCDE

2. 消除控制危险源的管理控制措施包括（　　）。
   A. 建立危险源管理的规章制度　　B. 加强教育培训　　C. 定期检查及日常管理
   D. 定期配备劳动防护用品　　E. 加强预案演练
   答案：ABC

3. 落实《中华人民共和国安全生产法》中安全教育培训的要求，通过（　　）等方式提高职工的安全意识，增强职工的安全操作技能，避免职业危害。
   A. 新员工培训　　B. 调岗员工培训　　C. 复工员工培训
   D. 日常培训　　E. 离岗培训
   答案：ABCD

4. 经常对从事高处作业人员进行观察检查，一旦发现不安全情况，及时进行（　　）。
   A. 心理疏导　　B. 消除心理压力　　C. 调离岗位
   D. 辞退该员工　　E. 教育培训
   答案：ABC

5. 防范机械伤害的措施有（　　）。
   A. 远离机械设备　　B. 建立健全安全操作规程和规章制度
   C. 做好三级安全教育和业务技术培训、考核　　D. 正确穿戴个人防护用品
   E. 定期进行安全检查或巡回检查
   答案：BCDE

6. 对运行中的生产设备或零部件超过极限位置，应配置（　　）。
   A. 限位装置　　B. 限速装置　　C. 防坠落
   D. 防逆转装置　　E. 防爆炸装置
   答案：ABCD

7. 在职业活动中可能引起死亡、失去知觉、丧失逃生及自救能力、伤害或引起急性中毒的环境，包括（　　）。
   A. 可燃性气体、蒸汽和气溶胶的浓度超过爆炸下限的10%
   B. 空气中爆炸性粉尘浓度达到或超过爆炸上限
   C. 空气中氧含量低于18%或超过22%
   D. 空气中有害物质的浓度超过职业接触限值
   E. 其他任何含有有害物浓度超过立即威胁生命或健康浓度的环境条件
   答案：ACDE

8. 下列关于硫化氢描述正确的是（　　）。
   A. 硫化氢的局部刺激作用，系由于接触湿润黏膜与钠离子形成的硫化钠引起
   B. 工作场所空气中化学物质容许浓度中明确指出，硫化氢最高容许浓度为10mg/m³
   C. 轻度硫化氢中毒是以刺激症状为主，如眼刺痛、畏光、流泪、流涕、鼻及咽喉部烧灼感，可有干咳和胸部不适，结膜充血
   D. 中度硫化氢可在数分钟内发生头晕、心悸，继而出现躁动不安、抽搐、昏迷，有的出现肺水肿并发肺炎，最严重者发生电击型死亡
   E. 硫化氢能与许多金属离子作用，生成不溶于水或酸的硫化物沉淀
   答案：ABCE

9. 危险化学品中毒、污染事故的预防控制措施包括（　　）。
   A. 替代　　B. 变更工艺　　C. 应急管控　　D. 卫生

答案：ABD

10. 隔离是指采取加装（　　）等措施，阻断有毒有害气体、蒸汽、水、尘埃或泥沙等威胁作业安全的物质涌入有限空间的通路。
A. 安全标识　　　　　　B. 封堵　　　　　　C. 导流　　　　　　D. 盲板
答案：BCD

11. 作业人员工作期间，感觉精神状态不好、眼睛灼热、流鼻涕、呛咳、胸闷、头晕、头痛、恶心、耳鸣、视力模糊、气短、（　　）等症状，作业人员应及时与监护人员沟通，尽快撤离。
A. 嘴唇变紫　　　　　　B. 意识模糊　　　　　C. 四肢软弱乏力　　　D. 呼吸急促
答案：ABCD

12. 在对鼓风机、加药泵、吸砂机、回流泵等电气设备进行保养和维修时，清掏砂泵、吸砂机和砂水分离器时，必须严格执行（　　）制度，在总闸断开停电后（观察刀闸与主线路是否分离），必须用验电表再测试是否有电。
A. 停电　　　　　　　　B. 送电　　　　　　　C. 放电　　　　　　　D. 验电
答案：ABD

13. 危险化学品应该分类、分堆储存，堆垛不得过高、过密，堆垛与之间以及堆垛墙壁之间，应该留出一定（　　）。
A. 通道　　　　　　　　B. 通风口　　　　　　C. 照明　　　　　　　D. 间距
答案：ABD

14. 综合应急预案包括（　　）。
A. 生产经营单位的应急组织机构及职责　　B. 应急预案体系
C. 事故风险描述　　　　　　　　　　　　D. 应急处置和注意事项
答案：ABC

15. 现场处置方案包括（　　）。
A. 保障措施　　　　　　　　　　　　　　B. 事故风险分析
C. 应急工作职责　　　　　　　　　　　　D. 应急处置和注意事项
答案：BCD

16. 以下关于溺水后救护描述正确的有（　　）。
A. 救援人员发现后应立即下水　　　　　　B. 迅速将伤者移至空旷通风良好的地点
C. 判断伤者意识、心跳、呼吸、脉搏　　　D. 根据伤者情况进行现场施救
答案：BCD

17. 关于淹溺者救援描述正确的有（　　）。
A. 伸手救援指救援者直接向落水者伸手将淹溺者拽出水面的救援方法
B. 抛物救援是或借助某些物品（如木棍等）的把落水者拉出水面的方法
C. 藉物救援适用于营救者与淹溺者的距离较近（数米之内）同时淹溺者还清醒的情况
D. 游泳救援也称为下水救援，这是最危险的、不得已而为之的救援方法
答案：ACD

18. 人工呼吸适用于（　　）等引起呼吸停止、假死状态者。
A. 触电休克　　　　　　B. 溺水　　　　　　　C. 有害气体中毒　　　D. 窒息
答案：ABCD

19. 无心搏患者的现场急救，需采用心肺复苏术，现场心肺复苏术主要分为3个步骤，一般称为ABC步骤，ABC是指（　　）。
A. 患者的意识判断和打开气道　　　　　　B. 人工呼吸
C. 胸外心脏按压　　　　　　　　　　　　D. 等待医护人员到位
答案：ABC

20. 对于受伤人员的搬运方法常用的主要有（　　）。
A. 单人徒手搬运　　　　B. 双人徒手搬运　　　C. 担架搬运法　　　　D. 单人拖拽法

答案：ABC

21. 关于担架搬运法，以下描述正确的是（　　）。
A. 如病人呼吸困难、可平卧，可将病人背部垫高，让病人处于半卧位，以利于缓解其呼吸困难
B. 如病人腹部受伤，要叫病人屈曲双下肢、脚底踩在担架上，以松弛肌肤、减轻疼痛
C. 如病人背部受伤则使其采取俯卧位
D. 对脑出血的病人，应稍垫高其头部

答案：BCD

22. 使用止血带时应注意的事项包括（　　）。
A. 上止血带的部位要在创口上方（近心端），尽量靠近创口，但不宜与创口面接触
B. 在上止血带的部位，必须先衬垫绷带、布块，或绑在衣服外面，以免损伤皮下神经
C. 为控制出血，绑扎必须绑紧
D. 绑扎止血带的时间要认真记录，每隔0.5h（冷天）或者1h应放松1次，放松时间1~2min

答案：ABD

23. 下列关于高处作业管理的描述正确的是（　　）。
A. 应该及时根据季节变化，调整作息时间，防止高处作业人员产生过度生理疲劳
B. 禁止在大雨、大雪及6级以上强风天等恶劣天气从事露天高空作业
C. 如使用移动式脚手架进行高处作业，可将安全带系挂在可靠处的移动式脚手架上
D. 水池上的走道不能有障碍物、突出的螺栓根、横在道路上的东西，防止巡视时不小心绊倒
E. 铁栅、池盖、井盖如有腐蚀损坏，需及时掉换

答案：ABDE

三、简答题

1. 简述污水处理厂有限空间等级分级及划分条件。

答：污水处理厂根据有限空间可能产生的危害程度不同将有限空间分为3个等级。
(1) 三级有限空间：正常情况下不存在突然变化的空气危险。
(2) 二级有限空间：存在突然变化的空气危险。
(3) 一级有限空间：属于密闭或半密闭空间，存在突然变化的空气危险。

2. 什么是危险化学品安全技术说明书？

答：化学品安全技术说明书是一份关于危险化学品燃爆、毒性和环境危害以及安全使用、泄漏应急处置、主要理化参数、法律法规等方面信息的综合性文件。

3. 安全从业人员的义务有什么？

答：(1) 从业人员在作业过程中，应当遵守本单位的安全生产规章制度和操作规程，服从管理。
(2) 正确佩带和使用劳动防护用品。
(3) 接受培训，掌握本职工作所需的安全生产知识，提高安全生产技能，增强事故预防和应急处理能力。
(4) 发现事故隐患或者其他不安全因素时，应当立即向现场安全生产管理人员或者本单位负责人报告。

4. 人员在有限空间作业中毒或窒息的处置措施是什么？

答：(1) 密闭空间中毒窒息事件发生后，监护人员应立即向相关人员汇报。
(2) 协助者应想办法通过三脚架、提升机、救命索把作业者从密闭空间中救出，协助者不可进入密闭空间，只有配备确保安全的救生设备且接受过培训的救援人员，才能进入密闭空间施救。
(3) 将人员救离受害地点至地面以上或通风良好的地点，等待医务人员或在医务人员未到场的情况下进行紧急救助。

5. 当设备内部出现冒烟、拉弧、焦味或着火等不正常现象时应如何处置？

答：应立即切断设备的电源，再实施灭火，并通知电工人员进行检修，避免发生触电事故。灭火应用黄沙、二氧化碳、四氯化碳等灭火器材灭火，切不可用水或泡沫灭火器灭火。救火时应注意自己身体的任何部分及灭火器具不得与电线、电气设备接触，以防危险。

6. 应急管理的意义是什么？

答：事故灾难是突发事件的重要方面，安全生产应急管理是安全生产工作的重要组成部分。全面做好安全生产应急管理工作，提高事故防范和应急处置能力，尽可能避免和减少事故造成的伤亡和损失，是坚持以人为本，贯彻落实科学发展观的必然要求，也是维护广大人民群众的根本利益、构建和谐社会的具体体现。

7. 发现人员窒息后应如何报警？

答：一旦发现有人员中毒窒息，应马上拨打120或999救护电话，报警内容应包括：单位名称、详细地址、发生中毒事故的时间、危险程度、有毒有害气体的种类，报警人及联系电话，并向相关负责人员报告。

8. 溺水人员的救援应注意什么？

答：(1)救援人员必须正确穿戴救援防护用品后，确保安全后方可进入施救，以免盲目施救发生次生事故。

(2)迅速将伤者移至空旷通风良好的地点。

(3)判断伤者意识、心跳、呼吸、脉搏。

(4)清理口腔及鼻腔中的异物。

(5)根据伤者情况进行现场施救。

(6)搬运伤者过程中要轻柔、平稳，尽量不要拖拉、滚动。

9. 火灾报警方法包括哪几种？

答：(1)本单位报警利用呼喊、警铃等平时约定的手段。

(2)利用广播。

(3)固定电话和手机。

(4)距离消防队较近的可直接派人到消防队报警。

(5)向消防部门报警。

四、实操题

1. 简述心肺复苏急救的步骤。

答：对于心跳呼吸骤停的伤员，心肺复苏成功与否的关键是时间，必须在现场立即进行正确的心肺复苏。

1) 确认是否有反应

(1)将伤员脱离危险场所，放置于空气洁净、通风良好，平整坚硬的地面上成仰卧状；(2)双手轻拍伤员双肩，大声呼唤两耳侧，观察其是否有反应；(3)如无反应，立即拨打急救电话120或999。

2) 拨打急救电话

(1)事故发生的时间；(2)事故发生的地点；(3)事故导致受伤的人数；(4)报警人姓名及电话。

3) 判断呼吸和脉搏

(1)按照"一听、而看、三感觉"的方法，判断有无呼吸；(2)检查颈动脉判断，有无脉搏；(3)判断时间为 5~10s。

4) 胸外按压

(1)在两乳头连线的中间位置，双手交叉叠加，用掌根垂直按压；(2)按压深度5cm左右，按压频率100次/min以上；(3)按压30次后，进行人工呼吸。

5) 人工呼吸

(1)打开气道，清除口腔异物；(2)托起下颌，捏紧鼻孔，进行人工呼吸2次；(3)每次吹起1s以上，吹气量为500~600mL，吹气频率为10~12次/min；(4)中毒患者，禁止采用口对口人工呼吸，应使用简易呼吸器。

6) 心肺复苏

(1)按步骤4、5连续做5次(按压与通气之比为30:2)；(2)观察伤员是否恢复自主呼吸和心跳；(3)对未恢复自主呼吸和脉搏的伤员，不得中断心肺复苏。

7) 复原

(1)将伤者侧卧，确保气道畅通；(2)进一步实施专业救治。

2. 简述消火栓的正确使用方法。

答：(1)打开防火栓门，取出水龙带、水枪。

(2)检查水带及接头是否良好，如有破损严禁使用。

(3)向火场方向铺设水带，避免扭折。

(4)将水带靠近消火栓端与消火栓连接，连接时将连接扣准确插入滑槽，按顺时针方向拧紧。

(5)将水带另一端与水枪连接(连接程序与消火栓连接相同)。

(6)连接完毕后，至少有2人握紧水枪，对准火场(勿对人，防止高压水伤人)。

(7)缓慢打开消火栓阀门至最大，对准火场根部进行灭火。

(8)消防水带连接。消防水带在套上消防水带接口时，须垫上一层柔软的保护物，然后用镀锌铁丝或喉箍扎紧。

(9)消防水带的使用。使用消防水带时，应将耐高压的消防水带接在离水泵较近的地方，充水后的消防水带应防止扭转或骤然折弯，同时应防止消防水带接口碰撞损坏。

(10)消防水带铺设。铺设水带时，要避开夹锐物体和各种油类，向高处垂直铺设消防水带时，要利用消防水带挂钩。通过交通要道铺设消防水带时，应垫上消防水带护桥；通过铁路时，消防水带应从轨道下面通过，避免消防水带被车轮碾坏而间断供水。

(11)防止结冰。严冬季节，在火场上需暂停供水时，为防止消防水带结冰，水泵须慢速运转，保持较小的出水量。

(12)消防水带清洗，消防水带使用后，要清洗干净，对输送泡沫的消防水带，必须细致地洗刷，保护胶层。为了清除消防水带上的油脂，可用温水或肥皂洗刷，对冻结的消防水带首先要使用之融化，然后清洗晾干，没有晾干的消防水带不应收卷存放。

第二节　理论知识

一、单选题

1. pH为2的盐酸和pH为12的氢氧化钠等体积混合后，得到溶液(　　)。
A. pH=7　　　　B. pH>7　　　　C. pH<7　　　　D. pH=14
答案：A

2. 以下关于聚合氯化铝(PAC)的说法错误的是(　　)。
A. 聚合氯化铝颜色呈黄色或淡黄色、深褐色、深灰色，树脂状固体。
B. 有较强的架桥吸附性能，在水解过程中，伴随发生凝聚、吸附和沉淀等物理化学过程。
C. 与传统无机混凝剂的根本区别在于，传统无机混凝剂为低分子结晶盐，而聚合氯化铝的结构由形态多变的多元羧基络合物组成。
D. 聚合氯化铝絮凝沉淀速度快，适用pH范围宽，对管道设备有强腐蚀性。
答案：D

3. 硝化反应pH(　　)，反硝化反应pH(　　)。
A. 升高，下降　　B. 下降，升高　　C. 升高，升高　　D. 下降，下降
答案：B

4. 厌氧氨氧化存在于自然环境中，并在大气氮循环中起重要作用，约(　　)氮气都是由厌氧氨氧化贡献的。
A. 50%　　　　B. 40%　　　　C. 30%　　　　D. 20%
答案：A

5. 厌氧氨氧化作用是指(　　)。
A. 在厌氧条件下由厌氧氨氧化菌利用硝酸盐或亚硝酸盐为电子受体，将氨氮氧化为氮气的生物反应过程
B. 在厌氧条件下由厌氧氨氧化菌利用硝酸盐或亚硝酸盐为电子供体，将氨氮氧化为氮气的生物反应过程
C. 在厌氧条件下硝酸盐与亚硝酸盐反应生成氮气的过程
D. 在缺氧条件下反硝化菌以硝酸盐作为电子受体，还原硝酸盐为氮气的过程

6. 关于厌氧氨氧化菌，下列说法不正确的是( )。
   A. 目前还无法通过人工方式获得这种细菌
   B. 自然界污泥颜色随其菌群数量的多少发生变化
   C. 在其除污过程中厌氧氨氧化体起了非常重要的作用
   D. 科学家已测定非纯培养厌氧氨氧化菌的全基因组序列
   答案：A

7. 厌氧氨氧化菌属于( )型菌。
   A. 光能自养　　　　　B. 光能异养　　　　　C. 化能自养　　　　　D. 化能异养
   答案：C

8. 好氧颗粒污泥沉淀速度是普通活性污泥的( )倍。
   A. 5　　　　　　　　B. 10　　　　　　　　C. 20　　　　　　　　D. 30
   答案：B

9. 中国《城镇污水处理厂污染物排放标准》(GB 18918—2002)，执行一级A类标准的污水处理厂粪大肠菌群排放要求不超过( )。
   A. 2000 个/L　　　　B. 10000 个/L　　　　C. 1000 个/L　　　　D. 500 个/L
   答案：C

10. 紫外线有效量参照《城市给排水紫外线消毒设备》(GB/T 19837—2005)，接触时间宜为( )。
    A. 5~10s　　　　　B. 10~20s　　　　　C. 5~30s　　　　　D. 25~35s
    答案：C

11. 厂界一级标准，硫化氢废气排放最高允许浓度为( )。
    A. $0.03mg/m^3$　　B. $0.06mg/m^3$　　C. $0.32mg/m^3$　　D. $0.40mg/m^3$
    答案：A

12. 厂界二级标准，硫化氢废气排放最高允许浓度为( )。
    A. $0.03mg/m^3$　　B. $0.06mg/m^3$　　C. $0.32mg/m^3$　　D. $0.40mg/m^3$
    答案：B

13. 《城镇污水处理厂污染物排放标准》(GB 18918—2002)将污染物控制项目分为基本控制项目和选择控制项目，细化了污染物排放控制的种类和指标，其中基本控制项目共包含( )项。
    A. 12　　　　　　　B. 18　　　　　　　C. 19　　　　　　　D. 43
    答案：C

14. 厂界二级标准，氨气废气排放最高允许浓度为( )。
    A. $1.0mg/m^3$　　　B. $1.5mg/m^3$　　　C. $4.0mg/m^3$　　　D. $5.0mg/m^3$
    答案：B

15. 生物反硝化是( )。
    A. 氧化反应　　　　　B. 还原反应　　　　　C. 氧化还原反应　　　D. 中和反应
    答案：B

16. 生物反硝化系指污水中的硝酸盐在( )条件下，被微生物还原为氮气的生化反应过程。
    A. 好氧　　　　　　B. 缺氧　　　　　　C. 厌氧　　　　　　D. 氧气充足
    答案：B

17. COD 的去除主要是在( )中进行的。
    A. 厌氧区　　　　　B. 缺氧区　　　　　C. 好氧区　　　　　D. 硝化液回流区
    答案：C

18. 水体如严重被污染，水中含有大量的有机污染物，DO 的含量为( )。
    A. 0.1mg/L　　　　B. 0.5mg/L　　　　C. 0.3mg/L　　　　D. 0mg/L
    答案：D

19. 序批式活性污泥法的特点是( )。

A. 生化反应分批进行　　B. 有二沉池　　C. 污泥产率高　　D. 脱氮效果差
答案：A

20. 下列不是厌氧生物处理废水工艺特点的是（　　）。
A. 较长的污泥停留时间　　　　　　　　B. 较长的水力停留时间
C. 较少的污泥产量　　　　　　　　　　D. 较少的氮、磷元素投加量
答案：B

21. 下列不适宜处理高浓度有机废水的装置的是（　　）。
A. 厌氧接触池　　B. 厌氧滤池　　C. 厌氧流化池　　D. 厌氧高速消化池
答案：D

22. 某工业废水的 $BOD_5/COD = 50$，初步判断它的可生化性为（　　）。
A. 较好　　B. 可以　　C. 较难　　D. 不宜
答案：A

23. 下列废水生物处理装置不是从池底进水、池顶出水的是（　　）。
A. 厌氧流化床　　B. UASB 反应器　　C. 厌氧滤池　　D. 厌氧接触池
答案：D

24. 反硝化菌不需要的条件是（　　）。
A. 以有机碳为碳源　　B. 有足够的碱度　　C. 缺氧　　D. 温度 0~50℃
答案：B

25. 测定不同有机物的浓度时，相对耗氧速率随有机物浓度增加而不断降低，则说明该有机物是（　　）。
A. 浓度超过一定值，微生物受到毒害　　B. 不可生化的，但也无害
C. 可生化的　　　　　　　　　　　　　D. 不可生化的，且是有害的
答案：A

26. 污泥浓度的大小间接地反映混合液所含的（　　）量。
A. 无机物　　B. SVI　　C. 有机物　　D. DO
答案：C

27. 关于普通活性污泥法中的活性污泥，下列说法正确的是（　　）。
A. 曝气池中污泥浓度越大越好
B. 可以通过增大污泥回流比来提高曝气池中污泥浓度
C. 由于原生动物的存在可以捕食游离细菌，因此不利于污泥生长
D. 活性污泥具有很大的比表面积，因此具有很强的吸附功能
答案：C

28. 在氧化沟工艺中、自曝气机后，沟内的混合液溶解氧浓度沿沟长（　　）。
A. 不断升高　　B. 不变　　C. 不断降低　　D. 时高时低
答案：C

29. 活性污泥处于对数增长阶段时，其增长速率与（　　）呈一级反应。
A. 微生物量　　B. 有机物浓度　　C. 溶解氧浓度　　D. 温度
答案：A

30. 下列环境因子对活性污泥微生物无影响的是（　　）。
A. 营养物质　　B. 酸碱度　　C. 湿度　　D. 毒物浓度
答案：C

31. 生活污水中的杂质以（　　）为最多。
A. 无机物　　B. SS　　C. 有机物　　D. 有毒物质
答案：C

32. 微滤膜的孔径范围是（　　）。
A. 0.2~10μm　　B. 0.02~1μm　　C. 0.2~5μm　　D. 0.02~10μm
答案：D

33. 自养型细菌合成不需要的营养物质是( )。
A. 二氧化碳　　　B. 铵盐　　　　　C. 有机碳化物　　　D. 硝酸盐
答案：C

34. 混凝＋沉淀＋过滤组合单元通常出现在城镇污水处理系统的( )部分。
A. 预处理　　　　B. 强化预处理　　C. 深度处理　　　　D. 二级处理
答案：C

35. 厌氧生物处理不适于( )。
A. 城市污水厂污泥　B. 自来水处理　　C. 高浓有机废水　　D. 城市生活污水
答案：B

36. ( )的去除率主要决定于污泥回流比和缺氧区反硝化能力。
A. 总氮　　　　　B. 氨氮　　　　　C. CO　　　　　　　D. 总磷
答案：A

37. SBR 工艺系统对 BOD 值的降解率可达( )。
A. 85%～90%　　B. 85%～95%　　C. 90%～95%　　　D. 80%～90%
答案：C

38. 沉砂池的作用主要是去除( )。
A. 密度大于 $1.5g/cm^3$，粒径为 0.2mm 以上的颗粒物
B. 密度大于 $1.0g/cm^3$，粒径为 0.2mm 以上的颗粒物
C. 有机物颗粒
D. 悬浮物
答案：A

39. 平流式沉淀池由进水区、沉淀区、出水区和( )及缓冲层五部分组成。
A. 机械区　　　　B. 浮渣区　　　　C. 污泥　　　　　　D. 沉砂区
答案：B

40. ( )在污泥负荷率变化不大的情况下，容积负荷率可成倍增加，节省了建筑费用。
A. 阶段曝气法　　B. 渐减曝气法　　C. 生物吸附法　　　D. 延时曝气法
答案：C

41. 活性污泥法是需氧的好氧过程，氧的需要是( )的函数。
A. 微生物代谢　　B. 细菌繁殖　　　C. 微生物数量　　　D. 原生动物
答案：A

42. 初沉池的停留时间一般为( )。
A. 1.5～2.5h　　B. 1.0～2.0h　　C. 1.0～2.5h　　　D. 1.5～2.0h
答案：C

43. 悬浮物的去除率不仅取决于沉降速度，而且还与( )有关。
A. 容积　　　　　B. 沉淀深度　　　C. 表面积　　　　　D. 颗粒尺寸
答案：B

44. 完全混合法的主要缺点是连续进出水，可能产生( )，出水水质不及传统法理想。
A. 湍流　　　　　B. 短流　　　　　C. 股流　　　　　　D. 异流
答案：B

45. 下列污水消毒方法中效率最低的是( )。
A. 氯气　　　　　B. 臭氧　　　　　C. 二氧化氯　　　　D. 紫外线
答案：A

46. 硝化反应所需微生物为( )。
A. 好氧菌　　　　B. 异养型细菌　　C. 兼性菌　　　　　D. 自养型细菌
答案：D

47. 沉淀和溶解平衡是暂时的，有条件的。只要条件改变，沉淀和溶解这对矛盾就能互相转化。如果离子

积( )溶度积就会发生沉淀。
A. 相等　　　　　B. 少于　　　　　C. 大于　　　　　D. 无法比较
答案：C

48. ( )是对微生物无选择性的杀伤剂,既能杀灭丝状菌,又能杀伤菌胶团细菌。
A. 氨　　　　　　B. 氧　　　　　　C. 氮　　　　　　D. 氯
答案：D

49. 良好的新鲜污泥略带( )味。
A. 臭　　　　　　B. 泥土　　　　　C. 腐败　　　　　D. 酸
答案：B

50. 因水力停留时间长,氧化沟内活性污泥( )。
A. 浓度高　　　　B. 泥龄较长　　　C. 指数低　　　　D. 沉降比大
答案：B

51. 氧化沟进水和回流污泥点宜设在( )部位。
A. 好氧区首端　　B. 厌氧区首端　　C. 缺氧区末端　　D. 缺氧区首端
答案：B

52. 根据斯托克斯公式,颗粒在静水中沉降速度与( )无关。
A. 废水的密度　　B. 颗粒的密度　　C. 水平流速　　　D. 颗粒直径
答案：C

53. 当生物膜内部扩散的氧受到限制,内层呈( ),最终导致生物膜脱落。
A. 好氧状态　　　B. 吸氧状态　　　C. 厌氧状态　　　D. 供氧状态
答案：C

54. 与传统的连续流活性污泥法相比,SBR法是通过( )实现污水处理过程的。
A. 时间上的交替　B. 空间上的移动　C. 池型的不同　　D. 流程的变化
答案：A

55. 研究发现,回流污泥中的( )对生物除磷效果有非常不利的影响。
A. 总氮　　　　　B. 氨氮　　　　　C. 硝酸盐　　　　D. MLSS
答案：C

56. 经试验与运行数据证实,硝化与反硝化的水力停留时间比以( )为宜。
A. 2∶1　　　　　B. 3∶1　　　　　C. 4∶1　　　　　D. 5∶1
答案：B

57. 当A－A－O曝气池水温低时,应采取适当( )曝气时间、( )污泥浓度、增加泥龄或其他方法,保证污水的处理效果。
A. 延长,降低　　B. 延长,提高　　C. 减少,降低　　D. 减少,提高
答案：B

58. 生物滤池进水有机物浓度偏高,可能会造成( )。
A. 生物膜被破坏　B. 填料堵塞　　　C. 生物膜充氧过度　D. 生物膜变薄
答案：B

59. 正常情况下,污水中大多含有对pH具有一定缓冲能力的物质,下列不属于缓冲溶液组成的物质是( )。
A. 强电解质　　　B. 弱碱和弱碱盐　C. 多元酸的酸式盐　D. 弱酸和弱酸盐
答案：C

60. 一般情况下,将每克NH_4^+-N转化成NO_3^--N约需氧( ),对于典型的城市污水,生物硝化系统的实际供氧量一般较传统活性污泥工艺高50%以上,具体取决于进水中的TKN浓度。
A. 4.57g　　　　B. 5.28g　　　　C. 2.56g　　　　D. 3.33g
答案：A

61. 已知生化池的平均供气量为1400m³/h,氧的转移量为336kg/h,氧气的密度为1.43kg/m³,空气中氧

气的体积分数为20.1%,那么此池氧的转移率为( )。

A. 0.5　　　　　B. 0.6　　　　　C. 0.7　　　　　D. 0.8

答案：D

62. 关于曝气生物滤池的特征,以下说法错误的是( )。

A. 气液在填料间隙充分接触,由于气、液、固三相接触,氧的转移率高,动力消耗低
B. 本设备无须设沉淀池,占地面积少
C. 无须污泥回流,但有污泥膨胀现象
D. 池内能够保持大量的生物量,再由于截留作用,污水处理效果良好

答案：C

63. 滤料应具有足够的机械强度和( )性能,并不得含有有害成分,一般可采用石英砂、无烟煤和重质矿石等。

A. 水力　　　　　B. 耐磨　　　　　C. 化学稳定　　　　　D. 热稳定

答案：C

64. 下列物质中,利用超滤膜分离法不能截留的是( )

A. 细菌　　　　　B. 微生物　　　　　C. 无机盐　　　　　D. 病毒

答案：C

65. 正常污水进水浓度工况下,MBR工艺中膜的运行使用寿命一般是( )年。

A. 2~4　　　　　B. 6~8　　　　　C. 10~12　　　　　D. 15~18

答案：B

66. 当初沉池的进水浓度符合设计进水指标时,出水BOD_5、COD_{cr}、SS的去除率应分别大于( )。

A. 20%、30%、40%　　　　　B. 25%、35%、40%
C. 25%、30%、40%　　　　　D. 25%、30%、45%

答案：C

67. 当城镇污水处理厂预处理效果较差时,生物池的MLVSS/MLSS比值( )。

A. 变大　　　　　B. 变小　　　　　C. 不变　　　　　D. 不一定变化

答案：B

68. 一般认为,当污水中BOD_5/TN小于( )时需投加有机碳源。

A. 3　　　　　B. 4　　　　　C. 5　　　　　D. 6

答案：A

69. 二氧化氯在消毒过程中能被还原成无机副产物,不包括( )。

A. Cl^-　　　　　B. ClO^-　　　　　C. ClO_2^-　　　　　D. ClO_3^-

答案：B

70. 紫外线主要是通过对微生物(细菌、病毒、芽孢等病原体)的辐射损伤和破坏( )的功能使微生物致死,从而达到消毒的目的。

A. 细胞壁　　　　　B. 多糖　　　　　C. 蛋白质　　　　　D. 核酸

答案：D

71. 在污泥脱水的处理过程中500m^3含水率为97%的污泥,去除了250m^3的水后,污泥的含水率变为( )。

A. 50%　　　　　B. 52%　　　　　C. 94%　　　　　D. 96%

答案：C

72. A/O法运行中,如果曝气池DO过高,产泥量少,易使污泥低负荷运行出现过度曝气现象,造成( )。

A. 污泥膨胀　　　　　B. 污泥矿化　　　　　C. 污泥解体　　　　　D. 活性污泥高

答案：B

73. 化验测得消化进泥pH=6.5,该污泥的酸碱度显示的是( ),该污泥会( )甲烷菌的生长,对消化运行( )。

A. 碱性,促进,有利　　　　　B. 酸性,抑制,不利
C. 碱性,抑制,不利　　　　　D. 酸性,促进,有利

答案：B

74. 污水二级出水SS超标时，应采取的措施不包括（　　）。
A. 调整运行泥龄　　　　　　　　　　　B. 调整生物池溶解氧浓度分布
C. 检查二沉池运行状态　　　　　　　　D. 增加好氧池供氧量
答案：D

75. 活性污泥性能较好，净化功能强时，镜检发现的原生动物不包括（　　）。
A. 钟虫　　　　　B. 累枝虫　　　　　C. 盖虫　　　　　D. 鞭毛虫
答案：D

76. 如果污水处理系统超负荷，为了降低负荷，应采取的措施不包括（　　）。
A. 降低进水量　　　　　　　　　　　　B. 增加剩余污泥排放量
C. 提高回流比　　　　　　　　　　　　D. 增大曝气量
答案：B

77. 下列说法错误的是（　　）。
A. 如果活性污泥颜色变黑或有腐败性气味，说明供氧不足
B. 当SVI值超过150，预示着活性污泥即将或已经处于膨胀状态
C. 正常运行的曝气池表面出现白色的空气泡沫，怀疑是否污泥浓度太低，考虑减少排泥
D. 曝气池表面形成细微的暗褐色泡沫，可能是负荷太高，泥龄过短，应减少排泥
答案：D

78. 通常在活性污泥培养和驯化阶段中，原生动物种类的出现和数量的变化往往会按照一定的顺序。在运行初期曝气池中常出现大量（　　）。
A. 肉足虫和鞭毛虫　　B. 鞭毛虫和钟虫　　C. 鞭毛虫和轮虫　　D. 钟虫和轮虫
答案：A

79. 镜检时发现大量轮虫，说明（　　）。
A. 处理水质良好　　B. 污泥老化　　C. 进水浓度低　　D. 溶解氧高
答案：B

80. 某污水处理厂春节过后发生污泥膨胀，污泥SVI超过350mL/g，为保证二沉池出水SS达标，应采取的措施包括（　　）。
①曝气池末端投加PAM；②污水处理厂进水投加PAM；③加大内回流比；④将二沉池上浮的污泥吸出；⑤加大剩余污泥排放；⑥加快二沉池桁车行进速度；⑦增大水力负荷；⑧水厂进水投加次氯酸钠
A. ①④⑤　　　　B. ①②⑥⑧　　　　C. ③⑤⑧　　　　D. ①③⑦
答案：A

81. 在活性污泥法污水处理厂巡检时，发现曝气池表面某处翻动缓慢，其原因可能是（　　）
A. 曝气头脱落　　B. 扩散器堵塞　　C. 曝气过多　　D. SS浓度太大
答案：B

82. 机械格栅单元的巡检，一般情况下，传动链条应每（　　）用钙基脂润滑1次。齿轮电机的滚珠轴承每工作（　　）后，需进行清洗并重新填注润滑脂。
A. 2个月，10000h或1年　　　　　　　B. 2个月，10000h或1年
C. 2个月，5000h或半年　　　　　　　D. 2个月，5000h或半年
答案：A

83. 定期巡检鼓风机的水泵运行状况，如有异常及时处理，注意冷却水池的水量补充，随时调节油冷却器冷却水的进水量，以保持进入轴前的油温在规定范围（　　）的最佳状态。
A. 10~50℃　　　B. 20~30℃　　　C. 25~40℃　　　D. 15~40℃
答案：C

84. 高压设备发生接地时，室内不得接近故障点（　　）以内，室外不得靠近故障点（　　）以内，进入上述范围内人员必须穿绝缘靴，接触设备外壳或构架时应戴绝缘手套。
A. 5m，10m　　　B. 4m，8m　　　C. 3m，6m　　　D. 2.5m，5m

答案：B

85. 温度过高或过低都会影响系统的正常运行，降低处理效率。一般厌氧工艺如厌氧消化工艺温度控制在（　　）之间，除磷脱氮工艺温度在（　　）以上为好，水温高有利脱氮。
A. 33～37℃，10℃　　　B. 33～37℃，15℃　　　C. 10～30℃，10℃　　　D. 10～30℃，15℃
答案：B

86. 生物池厌氧段溶解氧一般控制在（　　）以下，缺氧段控制在（　　）以下。
A. 0.5mg/L，1mg/L
B. 0.3mg/L，0.5mg/L
C. 0.2mg/L，1mg/L
D. 0.2mg/L，0.5mg/L
答案：D

87. 生物池好氧段一般温度控制在（　　），溶解氧控制在（　　）。
A. 10～30℃，2～3mg/L
B. 10～30℃，2～5mg/L
C. 30～35℃，2～3mg/L
D. 30～35℃，2～5mg/L
答案：A

88. 污泥监测项目中，挥发酚检测周期为（　　），脂肪酸检测周期为（　　）。
A. 每周，每周　　　B. 每月，每周　　　C. 每月，每月　　　D. 每月，每天
答案：B

89. 曝气池的SV_{30}一般控制在（　　）。
A. 20%～40%　　　B. 15%～50%　　　C. 15%～30%　　　D. 10%～30%
答案：C

90. 传统活性污泥法的污泥龄 SRT 一般在（　　）天。
A. 1～2　　　B. 10～20　　　C. 5～15　　　D. 20～30
答案：C

91. 下列关于曝气池停水检查要求说法错误的是（　　）。
A. 关闭曝气池进水闸和回流污泥闸
B. 单个池组停水检查时，必须泄空
C. 单个池组泄空，应先关闭该组曝气池进水闸，回流污泥闸，关闭厌氧段，缺氧段搅拌器，打开曝气池泄空阀门
D. 需随水位降低而逐渐降低曝气量，待水位降至曝气头上方时，调低至曝气头最小供气量
答案：B

92. 下列有关完全混合曝气沉淀池的调节的说法，正确的是（　　）。
A. 合建式完全混合曝气沉淀池耐冲击负荷能力较强，无须对进水量进行调节
B. 鼓风量一般随进水量的波动进行调节
C. 为维持曝气区 MLSS 浓度，SV 的测定在曝气池的运行管理上是非常重要的，每天应在规定时间测定1次
D. 搅拌机一般应间歇运转
答案：C

93. 以下关于水污染物排放标准体系说法，错误的是（　　）。
A. 国家环境保护法律体系的重要组成部分
B. 执行环保法律、法规的重要技术依据
C. 仅在环境保护执法发挥着不可替代的作用，在管理上无作用
D. 已成为对水污染物排放进行控制的重要手段
答案：C

94. 因城镇排水设施维护或者检修可能对排水造成影响的，城镇排水设施维护运营单位应当提前（　　）通知相关排水户。
A. 12h　　　B. 2h　　　C. 24h　　　D. 48h
答案：C

95. 活性污泥法处理污水，曝气池中的微生物需要营养比为（　　）。

A. 100∶1.8∶1.3　　　B. 100∶10∶1　　　C. 100∶50∶10　　　D. 100∶5∶1

答案：D

96. 周边进水的辐流式二次沉淀池，与中心进水相比，其周边进水可以降低进水的(　　)，避免进水冲击池底沉泥，提高池的容积利用系数。

A. 流速　　　B. 流量　　　C. 浓度　　　D. 温度

答案：A

二、多选题

1. 以下属于后生动物的有(　　)。

A. 鞭毛虫　　　B. 轮虫　　　C. 钟虫　　　D. 线虫

答案：BD

2. 以下属于城市水污染的危害的是(　　)。

A. 对生物链造成极具的破坏　　　B. 造成植物大面积的枯萎

C. 动物饮用后出现物种灭绝　　　D. 污染物进入人体内，使人急性或慢性中毒

答案：ABCD

3. 下列关于工业废水说法正确的是(　　)。

A. 工业废水是从工业生产过程中排放出的污水，它来自工厂的生产车间与厂矿

B. 工业废水相对生活污水，工业废水水质、水量差异较大，通常具有浓度高、毒性大等特性

C. 工业废水不易使用通用技术或工艺来处理，需要其排放前在厂内处理到一定程度

D. 由于各种工业生产的工艺、原材料、使用设备的用水条件等不同，工业废水的性质繁杂多样

答案：ABCD

4. 下列关于初期雨水说法正确的是(　　)。

A. 初期雨水是降雨初期时的雨水，一般是指地面 10~15mm 已形成地表径流的降水

B. 前期雨水的污染程度较高，甚至超出普通城市污水的污染程度，经雨水管直接排入河道，给水环境造成了一定程度的污染

C. 初期雨水可以直接排入自然承受水体，无须设置初期弃流过滤装置，直接将降雨初期雨水弃流至污水管道

D. 降雨后期污染程度较轻的雨水经过截污挂篮截留水中的悬浮物、固体颗粒杂质后，可以直接排入自然承受水体，有效地保护自然水体环境

答案：ABD

5. 以下属于污水的化学指标的是(　　)。

A. COD　　　B. 总氮　　　C. 总磷　　　D. 浊度

答案：ABC

6. 以下属于一级处理的工艺有(　　)。

A. 格栅　　　B. 沉砂池　　　C. 初次沉淀池　　　D. 二沉池

答案：ABC

7. 以下属于膜分离法的有(　　)。

A. 电渗析　　　B. 反渗透　　　C. 超过滤　　　D. 离子交换

答案：ABC

8. 以下属于生物法的方法有(　　)。

A. 好氧生物处理法　　　B. 厌氧生物处理法　　　C. 活性污泥法　　　D. 生物膜法

答案：ABCD

9. 以下属于化学法的方法或工艺的有(　　)。

A. 中和法　　　B. 化学沉淀　　　C. 消毒法　　　D. 气提法

答案：ABCD

10. 污水水质为：BOD_5 = 300mg/L，COD = 400mg/L，SS = 150mg/L，pH = 6~8，下面可以用于该种污水的

二级处理工艺包括( )。
  A. 氧化沟工艺   B. UASB   C. MBR   D. AB 法
  答案：ACD

11. 下列属于氧化沟工艺的技术特征有( )。
  A. 兼具推流和完全混合的特征   B. 有机物去除效率高
  C. 具有较明显的溶解氧梯度交替变化   D. 氧利用率较低
  答案：ABC

12. 城镇污水中的氮的主要来源为( )。
  A. 生活污水   B. 工业污水   C. 地表径流   D. 降雨
  答案：ABC

13. 下列属于城镇污水生物处理工艺缺氧段参与反应的主要功能微生物类群有( )。
  A. 反硝化菌   B. 硝化菌   C. 聚磷菌   D. 甲烷菌
  答案：AC

14. 重铬酸钾法测定 COD，其中包括的物质是( )。
  A. 非还原性无机物   B. 不可生物降解有机物
  C. 无机还原性物质   D. 可生物降解有机物
  答案：BCD

15. 曝气沉砂池曝气强度的3种表示方法包括( )。
  A. 单位沉砂池所需空气量   B. 单位池容所需空气量
  C. 单位池长所需空气量   D. 单位废水所需空气量
  答案：BCD

16. 下列属于曝气生物滤池的缺点的是( )。
  A. 系统操作复杂   B. 能耗较高
  C. 生物除磷效果差   D. 生物脱氮效果差
  答案：AC

17. 在生物滤池中化学除磷产生的沉淀通过( )方式去除。
  A. 过滤   B. 截留   C. 吸附   D. 刮渣
  答案：ABC

18. 以下超滤膜的孔径范围错误的是( )。
  A. $0.1 \sim 1 \mu m$ B. $0.1 \sim 10 \mu m$ C. $1 \sim 10 \mu m$ D. $1 \sim 100 \mu m$
  答案：ABC

19. 活性污泥指标主要有( )。
  A. 活性污泥的松散程度   B. 污泥浓度(MLSS)
  C. 污泥沉降比(SV)   D. 污泥体积指数(SVI)
  答案：BCD

20. 污泥处理的意义包括( )。
  A. 将污泥的含水率降低，缩减污泥体积和重量
  B. 降低污泥中的有机物含量，使污泥不会对环境造成二次污染
  C. 提高污水处理效果
  D. 污泥含有较高热值，此外还含有丰富氮磷钾，具有较高的肥效；厌氧消化后可得到甲烷气体，作为能源
  答案：ABD

21. 下列关于格栅作用的说法，错误的是( )。
  A. 截留水中无机细颗粒   B. 截留水中有机细颗粒
  C. 截留废水中较大的悬浮物或漂浮物   D. 截留废水中溶解性的大分子有机物
  答案：ABD

22. 化验室应建立健全( )。

A. 质量管理体系 B. 环境管理体系
C. 职业健康安全管理体系 D. 国家安全标准体系
答案：ABC

23. 颗粒在水中自由沉淀的本质，理论认为（　　）。
A. 沉速与颗粒直径平方成正比 B. 沉速与颗粒直径平方成反比
C. 流体的动力黏度成反比关系 D. 流体的动力黏度成正比关系
答案：AC

24. 硝化作用的速度与（　　）因素有关。
A. pH B. 温度 C. DO 值 D. 氨浓度
答案：ABCD

三、简答题

1. 活性污泥法过程中有机物的去除机理是什么？

答：流入曝气池的有机物主要由好氧细菌和兼氧细菌分解去除。分解去除的机制是细菌类通过利用分子态溶解氧呼吸，将一部分有机物氧化分解为无机的二氧化碳和水，其余大部分有机物用于合成细胞。呼吸获得的大量能量被细菌类生命活动及细胞合成所消耗。

2. 厌氧氨氧化工艺与传统脱氮工艺相比具有哪些优势？

答：(1) 厌氧氨氧化菌以亚硝酸盐为电子受体，脱氮过程中不需要有机碳源。

(2) 硝化过程只需将 1/2 的氨氮氧化至亚硝酸盐，约节省 50% 曝气能耗。

(3) 厌氧氨氧化菌为化能自养菌，在脱氮过程中污泥产量仅为传统硝化反硝化污泥产量的 10% 左右，大大节省后续污泥处置费用。

(4) 厌氧氨氧化技术应用于高氨氮废水处理中，可较大幅度节省运行费用，产生显著的经济效益。

(5) 厌氧氨氧化工艺与传统工艺相比可减少温室气体二氧化碳的排放，环境效益明显。

3. 简述城镇污水处理厂常说的一级 A 标准适用范围，并列出其中 7 项基本控制项目指标。

答：GB 18918—2002《城镇污水处理厂污染物排放标准》中的一级标准的 A 标准，适用于城镇污水处理厂出水排入国家和省确定的重点流域及湖泊、水库等封闭、半封闭水域以及出水引入稀释能力较小的河湖作为城镇景观用水和一般回用水等用途。

基本控制项目共 12 项：化学需氧量（COD）、生化需氧量（BOD_5）、悬浮物（SS）、动植物油、石油类、阴离子表面活性剂、总氮、氨氮、总磷、色度、pH、粪大肠菌群数。

4. 什么是菌胶团，菌胶团的作用有哪些？

答：菌胶团是活性污泥的结构和功能中心，是活性污泥的基本组分，一旦菌胶团受到破坏，活性污泥对有机物的去除率将明显下降或丧失。在活性污泥培养的早期，可以看到大量新形成的典型菌胶团，它们可以呈现指状、垂丝状、球状、蘑菇状等多种形式。进入正常运转阶段的活性污泥，具有很强吸附能力和氧化分解有机物能力的菌胶团会把污水中的杂质和游离微生物吸附在其上，形成活性污泥絮凝体。因此，除少数负荷较高、处理污水碳氮比较高的活性污泥外，只能在絮粒边缘偶尔见到典型的新生菌胶团。细菌形成菌胶团后，可防止被微型动物所吞噬，并在一定程度上免受污染。

5. A-A-O 生物脱氮除磷工艺的原理是什么？

答：A-A-O 生物脱氮除磷工艺是传统活性污泥工艺、生物硝化及反硝化工艺和生物除磷工艺的综合。在该工艺流程内，BOD_5、SS 和以各种形式存在的氮和磷将一并被去除。

A-A-O 生物脱氮除磷系统的活性污泥中，菌群主要由硝化菌、反硝化菌和聚磷菌组成，专性厌氧和一般专性好氧菌等菌群均基本被工艺过程所淘汰。在好氧段，硝化细菌将入流中的氨氮及由有机氮氧化成的氨氮，通过生物硝化作用，转化成硝酸盐；在缺氧段反硝化细菌将内回流带入的硝酸盐通过生物反硝化作用转化成氮气逸入大气中，从而达到脱氮的目的；在厌氧段，聚磷菌释放磷，并吸收低级脂肪酸等易降解的有机物；而在好氧段，聚磷菌超量吸收磷，并通过剩余污泥的排放，将磷除去。

6. 曝气沉砂池工作原理是什么？

答：在沉砂池的侧壁下部鼓入压缩空气，使池内水流呈螺旋状态，由于有机物的比重小，故能在曝气的作用下长期处于悬浮状态，同时在旋流过程中，砂粒之间相互摩擦碰撞，附在砂粒表面的有机物能被洗脱下来。另外污水有预曝气作用。

7. 超滤工艺原理是什么？

答：通过超滤膜的过滤作用去除水中残留的细小颗粒物、胶体、微生物等。超滤工艺原理是以压力为动力的膜分离过程原理，它通过膜表面的微孔结构对物质进行选择性分离。混合液在外界推动力（压力）作用流经膜表面时，水中胶体、颗粒和分子量相对较高的物质被截留，而水和小分子溶质透过膜。

四、计算题

1. 设生活污水流量为 $0.2m^3/s$，其 COD 浓度为 $200mg/L$，河水流量为 $4m^3/s$，河水中 COD 浓度为 $5mg/L$，求污水排入河中并完全混合后的稀释平均浓度。

解：完全混合后的稀释平均浓度 $=(4\times5+0.2\times200)/(4+0.2)\approx14.29mg/L$

2. 已知某二沉池的有效水深 H 为 $4m$，直径 D 为 $28m$，废水的平均入流量 Q 为 $1500m^3/h$，求二沉池的水力停留时间。

解：由 $t=\pi\times(D/2)^2\times H/Q$，得

二沉池水力停留时间 $t=3.14\times(28/2)^2\times4/1500\approx1.64h$

3. 某厂二沉池直径 D 为 $18m$，池深 H 为 $3m$，吸附再生池进水量 Q_1 为 $300m^3/h$，回流量 Q_2 为 $170m^3/h$，求污水在二沉池的停留时间。

解：由 $t=\pi\times(D/2)^2\times H/(Q_1+Q_2)$，得

二沉池的停留时间 $t=3.14\times(18/2)^2\times3/(300+170)\approx1.62h$

4. 采用粉末活性炭应急处理技术吸附水源突发性污染事故中的硝基苯，通过实验已得到吸附等温线为 $q=0.3994C^{0.8322}$（式中 q 为吸附容量，mg/mg 炭，C 为硝基苯的平衡浓度，mg/L）。水源水中硝基苯浓度为 $0.050mg/L$，投加粉末活性炭 $15mg/L$ 后，求吸附后水中残留的硝基苯浓度。

解：已知平衡浓度值为 C，则加入 $15mg/L$ 的粉末活性炭，其总吸附量为 $15q$，由 $15q=15\times0.3944C^{0.8322}=0.050mg/L$，得

吸附后水中残留得硝基苯浓度 $C=0.003mg/L$

5. 某污水处理厂采用 A-A-O 工艺，其混合液内回流比为 $R=3.5$，在其他条件满足的前提下，求理论脱氮率是多少。

解：理论脱氮率 $=R/(R+1)\times100\%=3.5/(3.5+1)\times100\%\approx77.8\%$

6. 某生物除磷系统进水中的总磷浓度为 $10mg/L$，混合液污泥浓度为 $2300mg/L$，水力停留时间和污泥龄分别为 $1d$ 和 $10d$，污泥中磷的含量为 4%，求出水中总磷的浓度。

解：每天单位体积新产生污泥 $=2300/10=230mg/L$

污泥带走的磷 $=230\times4\%=9.2mg/L$

出水磷浓度 $=10-9.2=0.8mg/L$

7. 某污水处理厂处理量为 3.3 万 m^3/d，初沉池出水 BOD_5 为 $90mg/L$，共有 3 组曝气池，每组容积为 $6480m^3$，MLSS 分别为 $1500mg/L$、$1400mg/L$、$1600mg/L$，回流比 50%，每日排泥 $800t$，排泥浓度为 $3.4g/L$，求曝气时间、污泥负荷、污泥龄。

解：曝气时间 $T=V/[(1+R)\times Q]=(6480\times3)/[(1+0.5)\times33000]=0.39d$

污泥负荷 $L_s=(Q\times L_a)/(V\times X)=(33000\times90)/[6480\times3\times(1500+1400+1600)/3]=0.1$ g $BOD_5/(mg$ MLSS$\cdot d)$

污泥龄 $T_s=(V\times X)/(Q_w\times X_r)=[6480\times3\times(1500+1400+1600)/3]/(800\times3400)\approx10.7d$

8. 某厂进水流量 2.5 万 t/d，进水 BOD_5 为 $300mg/L$，出水 BOD_5 为 $30mg/L$，共 20 台机泵，其中一台损坏半月，两台带病运转，全厂每月用电 24 万 $kw\cdot h$，全月用去经费 7 万元，求该厂的 BOD_5 去除率以及处理每吨水的单耗和成本。

解：BOD_5 去除率 $=(300-30)/300\times100\%=90\%$

单耗 $=240000/(25000\times30)=0.32kw\cdot h/m^3$

成本 $=70000/(25000\times30)=0.093$ 元$/m^3$

9. 某污水处理厂进水量 2000m³/h，预处理池进水 SS 浓度 300mg/L，出水 100mg/L，预处理池排泥含水率为 99%，污泥进入污泥脱水间，经过离心机脱水后，含水率为 70%。计算预处理池日排放污泥量和污泥脱水间每日产泥量。

解：预处理池日排放污泥量=960t，计算如下：

SS 去除量 = 300 - 100 = 200mg/L = 0.2t/km³，污泥干重 = 0.2×2000×24/1000 = 9.6t/d，得

预处理池日排放污泥量 = 9.6/(1-99%) = 960t

污泥脱水间每日产泥量 = 9.6/(1-70%) = 32t

10. 某活性污泥法处理污水系统，污泥去除负荷为 0.32mg BOD_5/(mg MLVSS·d)，理论合成系数 Y 为 0.5mg MLVSS/mg BOD_5，求此系统的污泥龄（$K_d = 0.06d^{-1}$）。

解：已知 $L_r = 0.32$mg BOD_5/(mg MLVSS·d)，$Y = 0.5$mg MLVSS/(mg BOD_5)

由 $1/\theta_c = L_r \times Y - K_d = 0.32 \times 0.5 - 0.06$ 得 $\theta_c = 10d$，即此系统的污泥龄为 10d。

第三节　操作知识

一、单选题

1. 塔式生物滤池运行时，污水（　　）流动。
A. 横向　　　　B. 自下而上　　　　C. 自上而下　　　　D. 与污水相同方向
答案：C

2. 塔式生物滤池运行时，空气（　　）流动。
A. 横向　　　　B. 自下而上　　　　C. 自上而下　　　　D. 与污水相同方向
答案：B

3. 在水质分析中，对水样进行过滤操作，滤液在（　　）蒸干后所得到的固体物质即为溶解性固体。
A. 103~105℃　　　　B. 203~205℃　　　　C. 303~305℃　　　　D. 403~405℃
答案：A

4. 悬浮性固体在（　　）的高温下灼烧后挥发掉的质量为挥发性悬浮固体。
A. 100℃　　　　B. 200℃　　　　C. 400℃　　　　D. 600℃
答案：D

5. 在发现大量钟虫存在的情况下，楯纤虫增多而且越来越活跃，表示（　　）。
A. 曝气池工作状态良好　　　　B. 污泥将要变得越来越松散的前兆
C. 潜伏着污泥膨胀的可能　　　　D. 水中有机物还很多，处理程度较低
答案：B

6. 如果发现单个钟虫活跃，其体内的食物泡都能清晰地观察到时，说明（　　）。
A. 活性污泥溶解氧充足　　　　B. 污泥处理程度低
C. 曝气池供氧不足　　　　D. 曝气池内有毒物质进入量多
答案：A

7. 生物脱氮过程中好氧硝化控制的 DO 值一般控制在（　　）。
A. 1mg/L　　　　B. 2~3mg/L　　　　C. 5~6mg/L　　　　D. 7~8mg/L
答案：B

8. 好氧活性污泥系统中，其泥水的正常颜色是（　　）。
A. 黑色　　　　B. 土黄色　　　　C. 深褐色　　　　D. 红色
答案：B

9. 好氧系统控制指标中的 MLSS 一般控制在（　　）。
A. 4000~5000mg/L　　　　B. 3000~4000mg/L　　　　C. 5000~6000mg/L　　　　D. 6000~7000mg/L
答案：B

10. ( )可反映曝气池正常运行的污泥量,可用于控制剩余污泥的排放。
A. 污泥浓度　　　　B. 污泥沉降比　　　　C. 污泥指数　　　　D. 污泥龄
答案:B

11. 在填写记录表中,对手动运行的设备,记录时使用( )两个动词。
A. 投或出　　　　B. 开或关　　　　C. 投或退　　　　D. 开或停
答案:D

12. 曝气池运行记录中缺、厌氧段搅拌器、回流渠道搅拌器状态按实际情况填写:运行、备用、故障、检修,并计算填写设备( )。
A. 当日累计运行时间　　B. 运行时间　　　　C. 当日累计时间　　　　D. 累计运行时间
答案:A

13. 在进行格栅间运行记录时,需要计算格栅间的( )。
A. 当日累计栅渣量　　B. 当日累计水量　　　　C. 当日累计固体量　　　　D. 当日栅渣量
答案:A

14. 曝气池运行监测表中填写的曝气池各段DO,其DO的监测每日至少( )次。
A. 1　　　　B. 2　　　　C. 3　　　　D. 4
答案:B

15. 二沉池运行记录的出水状态根据实际情况填写,填写内容不包括( )。
A. 良好　　　　B. 一般　　　　C. 较差　　　　D. 合格
答案:D

16. 在进行滤池运行记录的数据统计填写中,除进行水量、电量、反冲洗水量、碳源投加量的统计外,还有( )。
A. 溢流水量　　　　B. 碱的使用量　　　　C. 栅渣量　　　　D. 酸的使用量
答案:C

17. 在进行超滤膜运行记录的数据统计填写中,除进行水量、电量、反洗水量、药剂使用量、送药量外,还有( )。
A. 溢流水量　　　　B. 反冲洗频次　　　　C. 栅渣量　　　　D. 碳源投加量
答案:A

18. 应结合外部监管及自身需求,制订完善的各类原始记录和统计报表,但不包括( )。
A. 生产运行记录　　　　B. 化验数据　　　　C. 生产运行日报　　　　D. 生产数据台账
答案:B

19. 过程及其他方面的生产数据可采用( )的方式进行记录。
A. 自控系统生成　　　　B. 人工记录　　　　C. 照相　　　　D. 录像
答案:A

20. 原始记录的填写要及时、完整、清晰、准确,原始记录单据应进行( )汇总、存档。
A. 年度　　　　B. 季度　　　　C. 每天　　　　D. 月度
答案:D

21. 以下不属于直接生产成本的是( )。
A. 动力费　　　　B. 材料费　　　　C. 制造费用　　　　D. 日常修理费
答案:D

22. 以下不属于制造费用核算的内容的是( )。
A. 水质检测费　　　　B. 日常修理费　　　　C. 大修理费　　　　D. 物料消耗费
答案:A

23. 生产运营中消耗的自来水、再生水等支出属于( )。
A. 动力费　　　　B. 材料费　　　　C. 制造费用　　　　D. 生产用水费
答案:D

24. 月末由制造费用科目结转至生产成本科目的支出属于( )。

A. 动力费　　　　　B. 材料费　　　　　C. 制造费用　　　　　D. 生产用水费
答案：C

25. 各成本单位生产运营所用的各种机器设备、设施、构筑物等固定资产，按照设备设施大修周期进行大修工作发生的设备设施大修支出属于(　　)。
A. 水质检测费　　　B. 日常修理费　　　C. 大修理费　　　　　D. 物料消耗费
答案：C

26. 各成本单位发生的办公支出下设电话费、办公用品、印刷复印费、图书资料费等明细科目。此项支出属于(　　)。
A. 水质检测费　　　B. 办公费　　　　　C. 大修理费　　　　　D. 物料消耗费
答案：B

27. 每年应在第(　　)季度进行年度生产计划编制工作，应依据经营需求制订下一年度生产计划。
A. 一　　　　　　　B. 二　　　　　　　C. 三　　　　　　　　D. 四
答案：D

28. 每月(　　)应制订月生产计划，月度计划应依据年度生产计划编制，同时参照历史同期情况，结合季节、汛期等因素。每月根据月度完成情况进行动态调整。
A. 上旬　　　　　　B. 中旬　　　　　　C. 下旬　　　　　　　D. 月初
答案：C

29. 水厂运行应严格按照月度计划进行生产过程管理，可根据生产需要对月度计划进一步分解至(　　)计划、日计划，实现生产运行过程的精细化管理。
A. 上旬　　　　　　B. 中旬　　　　　　C. 下旬　　　　　　　D. 周
答案：D

30. 根据上一阶段运行调控思路和实际达到的水量、水质结果进行对照说明，对运行调控方案的可实施程度、与实际的匹配程度进行分析。分析数据不包括(　　)。
A. 污水处理量　　　B. 污泥浓度　　　　C. 污泥负荷　　　　　D. 碳源投配率
答案：D

31. 对水厂的重点能耗及药剂的使用情况分析，分析数据不包括(　　)。
A. 污水单元电耗　　　　　　　　　　　B. 排泥量
C. 絮凝剂投配率　　　　　　　　　　　D. 化学除磷药剂投配率
答案：B

32. 按时间记录各回流泵的电流，计算填写回流泵(　　)。
A. 当日累计运行时间和回流量　　　　　B. 当日累计运行时间
C. 回流量　　　　　　　　　　　　　　D. 运行时间
答案：A

33. 以下不是鼓风机运行记录参数的是(　　)。
A. 压力　　　　　　B. 电流　　　　　　C. 温度　　　　　　　D. 功率
答案：D

34. 初沉池运行记录中需要计算填写的信息不包括(　　)。
A. 当日设备累计运行时间　　　　　　　B. 浮渣量
C. 排泥量　　　　　　　　　　　　　　D. 栅渣量
答案：D

35. 曝气沉砂池运行记录中需要计算填写的信息不包括(　　)。
A. 当日设备累计运行时间　　　　　　　B. 除砂量
C. 处理水量　　　　　　　　　　　　　D. 供气量
答案：C

36. 初沉池运行记录需要记录状态的设备不包括(　　)。
A. 搅拌器　　　　　B. 鼓风机　　　　　C. 刮泥机　　　　　　D. 螺杆泵组

37. 初沉池运行记录中初沉池出水状况按实际情况填写不包括( )。
A. 良好　　　　　　B. 一般　　　　　　C. 较差　　　　　　D. 合格
答案：D

38. 活性污泥法正常运行的必要条件是( )。
A. DO　　　　　　B. 营养物质　　　　C. 大量微生物　　　D. 良好的活性污泥和充足氧气
答案：D

39. 空压机运转时，会将空气中含有的水分压缩后凝聚在储气罐内，一般每天需进行手动( )来保证气动阀气源干燥。
A. 排气　　　　　　B. 排水　　　　　　C. 放空　　　　　　D. 冲洗
答案：B

40. 为了使沉砂池能正常进行，主要控制( )。
A. 颗粒粒径　　　　B. 污水流速　　　　C. 间隙宽度　　　　D. 曝气量
答案：B

41. 如果二沉池大量翻泥，则说明( )大量繁殖。
A. 好氧菌　　　　　B. 厌氧菌　　　　　C. 兼性菌　　　　　D. 有机物
答案：B

42. 以下不属于离心泵启动前的准备工作的是( )。
A. 离心泵启动前检查　　　　　　　　B. 离心泵充水
C. 离心泵暖泵　　　　　　　　　　　D. 离心泵降温
答案：D

43. 城镇污水处理厂污水通过格栅的前后水位差宜小于( )。
A. 0.1m　　　　　　B. 0.2m　　　　　　C. 0.3m　　　　　　D. 0.5m
答案：C

44. 生物量计测是计算放大( )倍下一个视野内每个群的生物数量。
A. 50　　　　　　　B. 100　　　　　　C. 200　　　　　　D. 300
答案：B

45. 在污水处理中，当以固着型纤毛虫和轮虫为主时，表明( )。
A. 出水水质差　　　B. 污泥还未成熟　　C. 出水水质好　　　D. 污泥培养处于中期
答案：C

46. 活性污泥污水处理中，一般条件下，( )较多时，说明污泥曝气池运转正常。
A. 钟虫　　　　　　B. 肉足虫　　　　　C. 后生动物　　　　D. 草履虫
答案：A

47. 下列与水中泡沫的形成条件不相关的选项是( )。
A. 水中的悬浮杂质　　　　　　　　　B. 存在一定浓度的起泡剂
C. 一定数量的气泡　　　　　　　　　D. 水中的表面活性物质
答案：B

48. 为阀门注入密封脂、润滑脂时，正常情况下每年加注( )。
A. 1次　　　　　　B. 2次　　　　　　C. 3次　　　　　　D. 4次
答案：B

49. 吸砂桥车行走轮内轴承部分，( )加黄油1次；桥架中央定心轴承部位，( )加黄油1次。
A. 每月，每月　　　B. 每月，每年　　　C. 每年，每年　　　D. 每年，每月
答案：D

二、多选题

1. 每月、每年组织完成月度、年度生产数据审核报送工作，负责以分析报告、专题分析会等形式，分析

运行特点及规律，优化运行调控，规避运行风险。具体报送内容有（   ）。

A. 每日填写日报，汇总前一日生产数据
B. 每月、每年按时审核报送运行统计报表
C. 每月按时审核报送生产运行分析月报
D. 每日汇总重点水质、泥质化验数据，每月对化验数据进行月度分析

答案：ABCD

2. 以下属于直接生产成本的是（   ）。

A. 动力费　　　　　　B. 材料费　　　　　　C. 制造费用　　　　　　D. 日常修理费

答案：ABC

3. 以下会影响浊度大小的因素有（   ）。

A. 溶解物质的数量
B. 不溶解物质的浓度
C. 不溶解物质的颗粒大小
D. 不溶解物质的形状

答案：BCD

4. 混凝沉淀法在废水处理中的（   ）阶段得到应用。

A. 预处理　　　　　　B. 中间处理　　　　　　C. 深度处理　　　　　　D. 污泥脱水

答案：ABCD

5. SBR 法一般可通过调整（   ），使处理出水实现达标。

A. 反应时间　　　　　　B. 运行周期　　　　　　C. 污泥回流量　　　　　　D. 反应器结构

答案：AB

6. 以下属于选择膜清洗用的化学药剂的条件是（   ）。

A. 清洗剂必须对污染物有很好的溶解能力
B. 清洗剂必须对污染物有很好的分解能力
C. 清洗剂不能污染和损伤膜面
D. 清洗剂纯度必须达到分析纯级

答案：ABC

7. 以下属于滤池冲洗效果的控制指标的是（   ）。

A. 冲洗水的用量　　　　　　B. 冲洗的强度　　　　　　C. 冲洗的历时　　　　　　D. 滤层的膨胀率

答案：BCD

8. 滤池用于深度处理时，下列描述错误的是（   ）。

A. 应根据水头损失来进行反冲洗
B. 应根据进水浓度进行反冲洗
C. 应根据过滤时间进行反冲洗
D. 应根据出水水质进行反冲洗

答案：BD

9. 下列关于料层抽样检查，描述正确的是（   ）。

A. 应定期对滤层进行抽样检查
B. 滤层含泥量大于1%时，应进行滤料清洗或更换
C. 滤层含泥量大于2%时，应进行滤料清洗或更换
D. 滤层含泥量大于3%时，应进行滤料清洗或更换

答案：AD

10. 滤池大修需包括（   ）。

A. 更换滤料　　　　　　B. 检查承托层　　　　　　C. 检查滤板　　　　　　D. 检查滤头

答案：BCD

11. 下列关于深度处理滤池设备维护，描述正确的是（   ）。

A. 应每年对阀门、冲洗设备、电气仪表等解体修理1次或部分更换
B. 滤池停用一周后，应将滤池水放空
C. 滤池再次启动时，应先进水
D. 滤池再次启动时，应先反冲

答案：ABD

12. 现场巡视污泥消化系统，关于其温度控制的说法不正确的是（   ）。

A. 一般分为中温消化、高温消化和低温消化
B. 污泥中温消化的温度是20℃左右
C. 污泥消化温度日变化量不宜超过5℃
D. 高温消化的温度是55℃左右

答案：ABC

13. 污水处理运行系统出现故障时，对故障进行排除和解决的前提条件包括(　　)。
A. 对出水水质影响最小　　　　　　　　B. 运行成本最低
C. 处理负荷达到设计负荷　　　　　　　D. 工艺参数达到设计要求

答案：AB

14. 污水处理运行系统故障类型包括(　　)。
A. 水力学故障　　　B. 机械故障　　　C. 污泥性能恶化　　　D. 工况调整

答案：ABC

15. 二级出水浑浊，SS明显升高，首先应测定的指标是(　　)。
A. 温度　　　B. SV　　　C. 镜检　　　D. pH

答案：BC

16. 污泥膨胀总体上可以分为(　　)。
A. 丝状菌膨胀　　　B. 中毒膨胀　　　C. 非丝状菌膨胀　　　D. 老化膨胀

答案：AC

17. 以下可导致丝状菌污泥膨胀的情况是(　　)。
A. 进水中氮、磷营养物质过剩　　　　　B. 曝气池内 F/M 过高
C. 混合液内溶解氧太低　　　　　　　　D. 进水水质波动太大

答案：BC

18. 一般认为负荷率与活性污泥膨胀有关，生化运行时应防止出现(　　)。
A. 高负荷　　　B. 低负荷　　　C. 冲击负荷　　　D. 相对稳定的负荷

答案：ABC

19. 控制污泥上浮的措施有(　　)。
A. 及时排除剩余污泥和加大污泥回流量
B. 加强曝气池末端的充氧量，提高进入二沉池的混合液中的溶解氧
C. 尽量减少死角
D. 对于反硝化造成的污泥上浮，可增大剩余污泥的排放量

答案：ABCD

20. 每天巡视检查各台水泵、水箱、控制柜，其主要内容包括(　　)。
A. 水泵、水箱前后阀门状态、连接管道的状态
B. 水泵运行声响及振动、轴封冷却水情况
C. 运行电流、电压及水泵运行压力，水箱密封情况
D. 控制柜运行情况有无异常报警

答案：ABCD

21. 当发现生物池配水不均匀时，应及时调整(　　)。
A. 进水闸　　　B. 回流污泥闸　　　C. 出水闸　　　D. 曝气阀

答案：AB

22. 电动机不正常升温的原因包括(　　)。
A. 供电电压　　　B. 电路连接问题　　　C. 过载或局部短路　　　D. 通风问题

答案：ABCD

23. 吸泥机转刷不转的原因有(　　)。
A. 电机或减速箱故障　　　　　　　　　B. 转刷从连接部位磨损或脱落
C. 电气元件故障　　　　　　　　　　　D. 水量偏小

24. 反冲洗水泵功率过大的原因有( )。
A. 超过额定流量使用 B. 吸程过高
C. 卧式离心泵轴承磨损 D. 水位过低
答案：ABC

25. 下列污水检测项目需要每周都测的是( )。
A. 氯化物 B. MLVSS C. 阴离子洗涤剂 D. 总固体
答案：ABD

26. 下列污水检测项目需要每月都测的是( )。
A. 硫化物 B. 氟化物 C. 氯化物 D. 挥发酚
答案：ABD

27. 如发生污泥膨胀，可采取的控制措施有( )。
A. 投加絮凝剂，改善污泥絮凝性 B. 投加氯、臭氧等药剂杀死丝状菌
C. 加强曝气，提高DO值 D. 调整混合液中的营养物质
答案：ABCD

28. 下列属于鼓风机正常开机条件的是( )。
A. 没有报警或事故停机的信号 B. 出口阀、放空阀处于开启状态
C. 有机组运行时，应将运行机组出口导叶降为0 D. 进、出口导叶开度处于最大状态
答案：ABC

29. 下列关于安全的特别提示正确的是( )。
A. 倒泵时要先开后停，避免3台不能同时运行
B. 油内进水报警后，应及时报告有关部门进行处理，并做好相应的记录
C. 停机检修和维保设备前断电、挂警示牌
D. 在池上检修设备时，穿救生衣、佩戴安全带，必须有人现场监护
答案：BCD

30. 下列关于二沉池停水检查要求的说法正确的是( )。
A. 关闭二沉池进水闸，如整个系列停水，应先关闭曝气池出水闸
B. 关闭二沉池回流污泥闸，如整个系列停水，应先停污泥泵
C. 单个池组由于运行需要停水备用，无须泄空，保持吸泥机运行
D. 整个系列停进水，泄空时应多个池组同时进行
答案：ABC

31. 造成二沉池出水浑浊的原因有( )。
A. 曝气池处理效率降低使胶体有机残留 B. 硫化氢氧化造成单质硫析出
C. 活性污泥解体 D. 泥沙或细小的氢氧化铁等无机物
答案：ABCD

32. 曝气池中出现大量泡沫，可能原因有( )。
A. 进水表面活性剂类物质增加 B. 进水油脂增加
C. 曝气量可能不足 D. 排泥量较少
答案：AC

三、简答题

1. 简述活性污泥法的出现生物泡沫的危害及控制对策。
答：1) 生物泡沫的危害
(1) 泡沫的黏性在曝气池表面阻碍氧气进入曝气池。
(2) 混有泡沫的混合液进入二沉池后，泡沫会携裹污泥增加出水的SS，并在二沉池表面形成浮渣层。
(3) 泡沫蔓延在走道板，会产生一系列卫生问题。

(4)回流污泥含有泡沫会引起类似的浮选现象，损害污泥性能，影响浓缩和消化。
2)控制对策
(1)投加杀菌剂或消泡剂。
(2)水力消泡。
(3)降低污泥龄，减少污泥再生。

2. 在二次沉淀池中，有时会引起污泥上浮的现象，影响处理水质，请归纳其原因。

答：在沉淀池中，引起污泥上浮原因可归纳为如下两方面：
(1)由于沉淀的活性污泥排除不充分，污泥沉积池底，造成厌氧分解，使污泥含有气体而上浮。
(2)由于在曝气池中的硝化反应，生成的硝酸盐氮在二沉池中发生了反硝化反应，生成氮气，使污泥上浮。
在水温高时，这两种情况都容易发生，但前者污泥变黑，有腐败臭，成大块状；后者即脱氮引起的污泥上浮，则颜色不变，也无臭气，以较小的块状连续上浮。发生污泥为厌氧状态时，要尽可能缩短污泥在沉淀池中的停留时间，同时，还要在结构上加以改进，使污泥不致蓄积或发生反硝化反应导致二沉池污泥上浮。

3. 二沉池出水悬浮物含量大的原因是什么，如何解决？

答：二沉池出水悬浮物含量增大的原因和相应的解决对策如下：
(1)活性污泥膨胀使污泥沉降性能变差，泥水界面接近水面，部分污泥碎片经出水堰溢出。对策是通过分析污泥膨胀的原因，逐一排除。
(2)进水量突然增加，使二沉池表面水力负荷升高，导致上升流速加大、影响活性污泥的正常沉降，水流夹带污泥碎片经出水堰溢出。对策是减少进水量或使进水尽可能均衡。
(3)出水堰或出水集水槽内藻类附着太多、出水堰出水不均衡。对策是操作运行人员及时清除藻类、调整出水堰的水。

4. 简述污泥上浮出现的现象、原因及对策。

答：现象：污泥沉淀30~60min后呈层状上浮，多发生在夏季。
原因：(1)硝化作用导致硝酸盐氮在二沉池中被还原成氮气，引起污泥上浮。(2)污泥发生厌氧分解，产生气体，引起污泥上浮。
对策：(1)减少污泥在二沉池中的停留时间(HRT)；(2)减少曝气量。

5. 简述污泥腐化的现象、原因及对策。

答：现象：活性污泥呈灰黑色，污泥发生厌氧反应，污泥中出现硫细菌，出水水质恶化。
原因：(1)负荷量增高；(2)曝气不足；(3)工业废水的流入等。
对策：(1)控制负荷量；(2)增大曝气量；(3)切断或控制工业废水的流入。

6. 简述生物池出现泡沫的原因及对策。

答：生物池泡沫主要有两种，即化学泡沫和生物泡沫。
(1)化学泡沫
原因：洗涤剂或工业用表面活性物质等引起，呈乳白色。
对策：水冲消泡；使用消泡剂。
(2)生物泡沫
原因：由诺卡氏菌属的一类丝状菌引起，呈褐色。诺卡氏菌在较高温且富含油脂类物质的污水环境中大量繁殖。
对策：加氯；排泥，缩短SRT。

7. 简述二级处理设备中搅拌器搅拌效果差的故障原因及对应的解决方法。

答：(1)叶轮旋向错误，解决方法是重新接线进行调整。
(2)转速不足，解决方法是停机后检查原因。
(3)密封环磨损，解决方法是拆卸进行大修，更换密封件等。
(4)搅拌液体黏度太高，解决方法是停机，并与运行人员调整工艺。

8. 简述二级处理设备中回流泵流量下降的故障原因及对应的解决方法。

答：(1)叶轮旋向错误，解决方法是重新接线进行调整。
(2)转速不足，解决方法是停机后检查原因。

(3)密封环磨损，解决方法是拆卸进行大修，更换密封件等。

(4)抽送液体黏度太高，解决方法是停机，并与运行人员调整工艺。

四、实操题

1. 简述分光光度法测量强度的方法。

答：(1)标准曲线绘制：吸取浊度标准液 0mL、0.50mL、1.25mL、2.50mL、5.00mL、10.00mL、12.50mL 于 50mL 容量瓶中，加水稀释至标线，混匀，其浊度依次为 0NTU、4NTU、10NTU、20NTU、40NTU、80NTU、100NTU，于 680nm 处，用 3cm 比色皿测定吸光度，绘制标准曲线。

(2)水样测定：吸取 50mL 摇匀水样(无气泡，如浊度超过 100 度可酌情少取，用无浊度水稀释至 50mL)，于 50mL 容量瓶中，按绘制标准曲线步骤测定吸光度，由标准曲线上查得水样浊度。

2. 简述加药系统短期停泵(1~5d)时的操作方法。

答：(1)关闭加药泵电源。

(2)关闭加药泵进口阀门。

(3)打开加药管线的泄空阀，将管路中的剩余药剂经中水稀释后排入污水管线。

(4)清洗泵腔，防止有固体颗粒和介质沉淀。

(5)关闭出口阀门。

(6)如泵处于室外，遇霜冻天气，请做好防冻措施。

3. 简述对鼓风机进行停机的操作。

答：(1)关闭出口导叶，将出口导叶开度关至0。

(2)按停止按钮，鼓风机停机，放空阀自动打开，进口导叶自动关闭。

(3)保证油泵工作至少 5min 以上，方可将就地控制柜下电。

(4)将相应 6kV 配电柜退出。

(5)关闭出口阀，将相对应的配电柜用电量表底数记在记录本上。

4. 简述对二级处理运行进行记录的要求。

答：(1)认真填写值班日期、星期、天气和值班人员。

(2)曝气池运行记录中缺、厌氧段搅拌器、回流渠道搅拌器状态，按实际情况填写：运行、备用、故障、检修，并计算填写设备当日累计运行时间。

(3)曝气池运行记录中曝气状态、混合液状态，根据实际情况填写：良好、一般、较差。

(4)曝气池运行监测表中填写：曝气池各段 DO(每日至少 1 次)、混合液和回流污泥的水温、SV%、MLSS、MLVSS，记录微生物镜检情况。

(5)加药泵状态、频率及加药状态按实际情况填写，并填写当日送药量，计算当日合计送药量及合计加药量。

第四章

技 师

第一节 安全知识

一、单选题

1. 有限空间作业中断超过（　　），作业人员再次进入有限空间作业前，应当重新通风，检测合格后方可进入。
   A. 10min　　　　B. 20min　　　　C. 30min　　　　D. 40min
   答案：C

2. 下列不属于直接触电防护措施的是（　　）。
   A. 绝缘　　　　B. 间隔　　　　C. 安全电压　　　　D. 个人防护
   答案：D

3. 由于（　　），易造成有毒有害气体积聚或氧含量不足，形成有限空间。
   A. 自然通风不良　　B. 机械通风量不足　　C. 环境阴暗潮湿　　D. 空间不适合人员长期作业
   答案：A

4. 下列对有限空间内空气检测描述正确的是（　　）。
   A. 对任何可能造成职业危害、人员伤亡的有限空间场所作业应坚持先通风、再检测、后作业原则
   B. 作业前进行通风、检测后即可下井作业，无须进行持续检测和通风
   C. 监护人员不仅保证作业人员的安全，还承担着气体检测的任务
   D. 检测时，应当记录检测的时间、地点、气体种类、浓度等信息，监护人员在检测记录上签字后存档
   答案：A

5. 下列对有限空间作业描述正确的是（　　）。
   A. 佩戴呼吸器进入有限空间作业时，应作业完毕后返回地面，无须随时掌握呼吸器气压值，判断作业时间和行进距离
   B. 作业人员须配备并使用空气呼吸器或软管面具等隔离式呼吸保护器具，也可使用过滤式面具
   C. 对不能采用通风换气措施或受作业环境限制不易充分通风换气的场所，必须配备使用隔离室呼吸保护器具
   D. 当听到到空气呼吸器的报警音后，无须立即返回地面，因为此报警为提醒作业时间间隔
   答案：C

6. 下列对有限空间通风置换描述正确的是（　　）。
   A. 发现通风设备停止运转、有限空间内氧含量浓度低于或者有毒有害气体浓度高于国家标准或者行业标准规定的限值时，必须立即停止有限空间作业，清点作业人员，撤离作业现场
   B. 进入自然通风换气效果不良的有限空间，应采用机械通风，通风换气次数每小时不能少于2次
   C. 自然通风优于机械通风

D. 通风过程中，人员应撤出有限空间内，停止作业

答案：A

7. 下列对危险源防范技术控制措施概念的描述错误的是( )。

A. 减弱措施，当消除危险源有困难时，可采取适当的预防措施

B. 消除措施，通过选择合适的工艺、技术、设备、设施，合理结构形式，选择无害、无毒或不能致人伤害的物料来彻底消除某种危险源

C. 隔离措施，在无法消除、预防和隔离危险源的情况下，应将人员与危险源隔离并将不能共存的物质分开

D. 连锁措施，当操作者失误或设备运行达到危险状态时，应通过连锁装置终止危险、危害发生

答案：A

8. 防止触电的安全技术措施是( )造成触电事故，以及防止短路、故障接地等电气事故的主要安全措施。

A. 防止雷击或火灾　　　　　　　　B. 防止人体触及或过分接近带电体

C. 防止进入高压作业区域　　　　　D. 临时搭接用电线路

答案：B

9. 下列对直接触电防护措施描述错误的是( )。

A. 绝缘，即用绝缘的方法来防止触及带电体，不让人体和带电体接触，从而避免发生触电事故

B. 屏护，即用屏障或围栏防止触及带电体，设置的屏障或围栏与带电体距离较近

C. 障碍，即设置障碍以防止无意触及带电体或接近带电体，但不能防止有意绕过障碍去触及带电体

D. 间隔，即保持间隔以防止无意触及带电体

答案：B

10. 下列对触电防护措施描述错误的是( )。

A. 可单独用涂漆、漆包等类似的绝缘来防止触电

B. 易于接近的带电体，应保持在手臂所及范围之外

C. 漏电保护只用作附加保护，不应单独使用

D. 可根据场所特点，采用相应等级的安全电压防止触电事故发生

答案：A

11. 漏电保护装置动作电流不宜超过( )。

A. 100mA　　　　B. 80mA　　　　C. 50mA　　　　D. 30mA

答案：D

12. 下列关于电气设备管理的描述不正确的是( )。

A. 所有电气设备都应有专人负责保养

B. 所有电气设备均不应该露天放置

C. 在进行卫生作业时，不要用湿布擦拭或用水冲洗电气设备，以免触电或使设备受潮、腐蚀而形成短路

D. 不要在电气控制箱内放置杂物，也不要把物品堆置在电气设备旁边

答案：B

13. 下列描述正确的是( )。

A. 如需拉接临时电线装置，必须向有关管理部门办理申报手续，经批准后，方可进行接电

B. 如接到临时任务，可先自行接电，后续补办临时用电审批

C. 严禁不经请示私自乱拉乱接电线

D. 对已批准安装的临时线路，应指定专人负责到期进行拆除

答案：C

14. 污水池必须有栏杆，栏杆高度高于( )，确保坚固、可靠，同时悬挂警示牌。

A. 0.6m　　　　B. 0.8m　　　　C. 1m　　　　D. 1.2m

答案：D

15. 从事高处作业人员应严格依照( )操作，杜绝违章行为。

A. 公司规范　　　B. 地方法规　　　C. 操作规程　　　D. 安全交底

答案：C

16. 下列关于高处作业管理的描述错误的是(　　)。
A. 不准随便越栏工作,越栏工作必须穿好防护设备,并由专人监护
B. 从事高处作业人员应注意身体重心,注意用力方法,防止因身体重心超出支承面而发生事故
C. 在需要职工工作的通道上要设置开关可靠的活动护栏,方便工作
D. 为保证池上走道不能太光滑,应将池上走道设置为高低不平
答案:D

17. 下列对防火防爆安全管理的说法正确的是(　　)。
A. 加强教育培训,确保员工掌握有关安全法规、防火防爆安全技术知识
B. 消防水带、消火栓等不需进行日常检查
C. 定期或不定期开展安全检查,及时发现并消除安全隐患
D. 配备专用有效的消防器材、安全保险装置和设施
答案:B

18. 重点防火防爆区的电机、设备设施都要用(　　),并安装检测、报警器。
A. 暗路敷设　　　　B. 明线敷设　　　　C. 防爆类型　　　　D. 直流电
答案:C

19. 污水处理厂常用可能发生机械伤害的机械设备包括(　　)。
A. 压力储罐　　　　B. 格栅除污机　　　　C. 电动葫芦　　　　D. 电气控制柜
答案:B

20. 在设计过程中,对操作者容易触及的可转动零部件应尽可能封闭,对不能封闭的零部件必须(　　)。
A. 配置必要的安全防护装置　　　　B. 移动至其他位置进行封闭
C. 去除该部位的转动部件　　　　D. 张贴安全警示标志
答案:A

21. 下列对机械设备安全管理的描述错误的是(　　)。
A. 操作机械设备时,按照机械设备上张贴的操作规程和注意事项操作,机械设备上未张贴的,可任意操作
B. 对工艺过程中会产生粉尘和有害气体或有害蒸汽的设备,应采用自动加料、自动卸料装置,并要有吸入、净化和排放装置
C. 对有害物质的密闭系统,应避免跑、冒、滴、漏,必要时应配置检测报警装置
D. 对生产剧毒物质的设备,应有渗漏应急救援措施等
答案:A

22. 机械设备布局要合理,机械设备间距要求:小型设备不小于(　　);中型设备不小于(　　);大型设备不小于(　　)。
A. 0.5m、0.6m、1m　　B. 0.8m、1m、1.2m　　C. 0.7m、1m、2m　　D. 0.7m、1.2m、1.8m
答案:C

23. 机械设备布局要合理,设备与墙、柱间距要求:小型设备不小于(　　);中型设备不小于(　　);大型设备不小于(　　)。
A. 0.5m、0.7m、1m　　B. 0.7m、0.8m、0.9m　　C. 0.9m、1.2m、1.5m　　D. 0.7m、1m、1.5m
答案:B

24. 机械伤害防护,首先应在(　　)时予以充分考虑。
A. 运行　　　　B. 安装　　　　C. 调试　　　　D. 设计
答案:D

25. 对危险部位安全防护的最后一步防护是(　　)。
A. 安全操作要求　　　　B. 材料要求　　　　C. 安装要求　　　　D. 个人防护要求
答案:D

26. 下列对机械设备安全防护的描述错误的是(　　)。
A. 为提高机械设备零、部件的安全可靠性,在必要地点必须设置防滑、防坠落及预防人身伤害的防护装置
B. 为提高机械设备零、部件的安全可靠性,必须有安全控制系统,如配置自动监控系统、声光报警装置等

C. 带传动装置既具有一般传动装置的共性，又具有容易断带的个性
D. 带传动装置的风险隐患为传动带断带，无人体卷入风险
答案：D

27. 设置完全封闭的链条防护罩的目的不包括（　　）。
A. 防尘　　　　　　B. 减少磨损　　　　　C. 防止人身伤害　　　　D. 美观
答案：D

28. 下列有限空间相关概念及术语错误的是（　　）。
A. 有限空间是指封闭或部分封闭，进出口较为狭窄有限，未被设计为固定工作场所，自然通风不良，易造成有毒有害、易燃易爆物质积聚或氧含量不足的空间
B. 有限空间作业是指作业人员进入有限空间实施的作业活动
C. 人体通过一个入口进入密闭空间，必须是在该空间中工作或身体全部通过入口
D. 吊救装备为抢救受害人员所采用的绳索、胸部或全身的套具、腕套、升降设施等
答案：C

29. 下列属于有害环境的是（　　）。
A. 可燃性气体、蒸汽和气溶胶的浓度超过爆炸下限的 12%
B. 空气中爆炸性粉尘浓度达到或超过爆炸上限
C. 空气中氧含量在 18%～21%
D. 空气中有害物质的浓度超过职业接触限值
答案：D

30. 下列不属于有限空间作业准入者的是（　　）。
A. 监护人员　　　　B. 作业人员　　　　　C. 检测人员　　　　　　D. 现场负责人
答案：A

31. 有限空间的分类包括（　　）。
A. 地下有限空间　　B. 地上有限空间　　　C. 密闭设备　　　　　　D. 以上均正确
答案：D

32. 下列对污水处理厂工作环境中存在的毒害气体的描述错误的是（　　）。
A. 硫化氢是无色有臭鸡蛋味的毒性气体
B. 甲烷是无色、无味、易燃易爆的气体，比空气重
C. 空气中如含有 8.6%～20.8%（按体积计算）的沼气时，就会形成爆炸性的混合气体
D. 一氧化碳是一种无色无味的剧烈毒性气体
答案：B

33. 沼气的主要成分是（　　）。
A. 氢气　　　　　　B. 一氧化碳　　　　　C. 甲烷　　　　　　　　D. 二氧化硫
答案：C

34. 污水中的甲烷气体主要是由其（　　）中的含碳、含氮有机物质在供氧不足的情况下，分解出的产物。
A. 水中微生物　　　　　　　　　　　　B. 沉淀污泥
C. 水中化学物质　　　　　　　　　　　D. 水面上方挥发出的气体
答案：B

35. 下列对毒害气体描述错误的是（　　）。
A. 甲烷对人基本无毒，但浓度过量时使空气中氧含量明显降低，使人窒息
B. 硫化氢浓度越高时，对呼吸道及眼的局部刺激越明显
C. 当硫化氢浓度超高时，人体内游离的硫化氢在血液中来不及氧化，则引起全身中毒反应
D. 硫化氢的化学性质不稳定，在空气中容易爆炸
答案：B

36. 下列对毒害气体描述错误的是（　　）。
A. 爆炸是物质在瞬间以机械功的形式释放出大量气体和能量的现象，压力的瞬时急剧升高是爆炸的主要

特征

B. 有限空间内,可能存在易燃或可燃的气体、粉尘,与内部的空气发生混合,将可能引起燃烧或爆炸

C. 一氧化碳在空气中含量达到一定浓度范围时,极易使人中毒

D. 沼气是多种气体的混合物,99%的成分为甲烷

答案:D

37. 外界正常大气环境中,按照体积分数,平均的氧气浓度约为( )。
   A. 19.25%　　　　　　　B. 20.05%　　　　　　　C. 20.25%　　　　　　　D. 20.95%
   答案:D

38. 下列不属于有限空间作业负责人职责的是( )。
   A. 应与监护者进行有效的操作作业、报警、撤离等信息沟通
   B. 了解整个作业过程中存在的危险危害因素
   C. 确认作业环境、作业程序、防护设施、作业人员符合要求后,授权批准作业
   D. 及时掌握作业过程中可能发生的条件变化,当有限空间作业条件不符合安全要求时,终止作业
   答案:A

39. 下列不属于有限空间监护人员职责的是( )。
   A. 防止未经授权的人员进入
   B. 全过程掌握作业者作业期间情况,保证在有限空间外持续监护,能够与作业者进行有效的操作作业、报警、撤离等信息沟通
   C. 在紧急情况时向作业者发出撤离警告,必要时立即呼叫应急救援服务,并在有限空间外实施紧急救援工作
   D. 遵守有限空间作业安全操作规程,正确使用有限空间作业安全设施和个人防护用品
   答案:D

40. 下列关于硫化氢描述错误的是( )。
   A. 硫化氢的局部刺激作用,系由于接触湿润黏膜与钠离子形成的硫化钠引起
   B. 工作场所空气中化学物质容许浓度中明确指出,硫化氢最高容许浓度为 $10mg/m^3$
   C. 轻度硫化氢中毒是以刺激症状为主,如眼刺痛、畏光、流泪、流涕、鼻及咽喉部烧灼感,可有干咳和胸部不适,结膜充血
   D. 中度硫化氢可在数分钟内发生头晕、心悸,继而出现躁动不安、抽搐、昏迷,有的出现肺水肿并发肺炎,最严重者发生电击型死亡
   答案:D

41. 甲烷的爆炸极限为( )。
   A. 5%~20%　　　　　　B. 5%~10%　　　　　　C. 5%~15%　　　　　　D. 10%~15%
   答案:C

42. 危险化学品是指具有毒害、腐蚀、爆炸、( )、助燃等性质,对人体、设施、环境具有危害的剧毒化学品和其他化学品。
   A. 灼伤　　　　　　　　B. 燃烧　　　　　　　　C. 辐射　　　　　　　　D. 触电
   答案:B

43. 危险化学品目录(2015版)中已纳入( )类属条目危险化学品。
   A. 26　　　　　　　　　B. 27　　　　　　　　　C. 28　　　　　　　　　D. 29
   答案:C

44. 爆炸物质是这样一种固态或液态物质(或物质的混合物),其本身能够通过( )产生气体,而产生气体的温度、压力和速度能对周围环境造成破坏。
   A. 物理反应　　　　　　B. 化学反应　　　　　　C. 生物反应　　　　　　D. 中和反应
   答案:B

45. 爆炸物质是一种固态或液态物质(或物质的混合物),其本身能够通过化学反应产生气体,而产生气体的温度、( )和速度能对周围环境造成破坏。

A. 压力 B. 物质 C. 气流 D. 产物
答案：A

46. 发火物质是一种物质或物质的混合物，它旨在通过非爆炸自持( )化学反应产生的热、光、声、气体、烟或所有这些的组合来产生效应。
   A. 快速 B. 中和 C. 放热 D. 吸热
   答案：C

47. 化学品安全技术说明书是一份关于危险化学品燃爆、毒性和环境危害以及( )、泄漏应急处置、主要理化参数、法律法规等方面信息的综合性文件。
   A. 安全使用 B. 辐射 C. 灼伤 D. 性质
   答案：A

48. 《危险化学品安全管理条例》第十四条中明确规定：生产危险化学品的，应当在危险化学品的包装内附有与危险化学品完全一致的( )，并在包装(包括外包装)上加贴或者拴挂与包装内危险化学品完全一致的化学品安全标签。
   A. 化学品说明书 B. 化学品技术安全说明书
   C. 化学品安全技术说明书 D. 化学品安全说明书
   答案：C

49. 《危险化学品安全管理条例》第十四条中明确规定：生产危险化学品的，应当在危险化学品的包装内附有与危险化学品完全一致的化学品安全技术说明书，并在包装(包括外包装)上加贴或者拴挂与包装内危险化学品完全一致的( )。
   A. 化学品安全标签 B. 应急说明 C. 理化参数 D. 使用说明
   答案：A

二、多选题

1. 有限空间作业现场应该进行的操作包括( )。
   A. 空气检测 B. 通风置换 C. 人员监护
   D. 交叉作业 E. 照明良好
   答案：ABC

2. 下列属于作业人员对危险源的日常管理的是( )。
   A. 上岗前由班组长查看值班人员精神状态 B. 按安全检查表进行日常安全检查
   C. 危险作业须经过审批方准操作 D. 对所有活动均应按要求认真做好记录
   E. 按安全档案管理的有关要求建立危险源的档案，并指定专人保管，定期整理
   答案：BCDE

3. 下列对毒害气体描述正确的是( )。
   A. 爆炸是物质在瞬间以机械功的形式释放出大量气体和能量的现象，压力的瞬时急剧升高是爆炸的主要特征
   B. 有限空间内，可能存在易燃或可燃的气体、粉尘，与内部的空气发生混合，将可能引起燃烧或爆炸
   C. 沼气是多种气体的混合物，99%的成分为甲烷
   D. 一氧化碳在空气中含量达到一定浓度范围时，极易使人中毒
   E. 一氧化碳属于易燃易爆有毒气体，与空气混合能形成爆炸性混合物，遇明火、高热能引起燃烧与爆炸
   答案：ABDE

4. 发火物质(或发火混合物)是一种物质或物质的混合物，它旨在通过非爆炸自持放热化学反应产生的( )、烟或所有这些的组合来产生效应。
   A. 气体 B. 声 C. 光 D. 热
   答案：ABCD

5. 化学品安全技术说明书是一份关于( )、法律法规等方面信息的综合性文件。
   A. 危险化学品燃爆 B. 毒性和环境危害以及安全使用

C. 泄漏应急处置　　　　　　　　　　　　D. 主要理化参数

答案：ABCD

6. 制定安全生产规章制度的依据包括(　　)。
   A. 法律、法规的要求　　　　　　　　　B. 生产发展的需要
   C. 劳动生产率提高的需要　　　　　　　D. 企业安全管理的需要

答案：ABD

7. 安全生产教育培训制度是指落实安全生产法有关安全生产教育培训的要求，规范企业安全生产教育培训管理，(　　)。
   A. 监督各项安全制度的实施　　　　　　B. 提高员工安全知识水平
   C. 提高员工实际操作技能　　　　　　　D. 有效发现和查明各种危险和隐患

答案：BC

8. 安全生产检查制度安全检查是安全工作的重要手段，通过制定安全检查制度，(　　)，制止违章作业，防范和整改隐患。
   A. 监督各项安全制度的实施　　　　　　B. 提高员工安全知识水平
   C. 提高员工实际操作技能　　　　　　　D. 有效发现和查明各种危险和隐患

答案：AD

9. 应急预案管理和演练制度是指落实《生产安全事故应急预案管理办法》《生产经营单位安全生产事故应急预案编制导则》等有关规定要求，预防和控制潜在的事故或紧急情况发生时，(　　)。
   A. 提高员工安全知识水平　　　　　　　B. 监督各项安全制度的实施
   C. 最大限度地减轻可能产生的事故后果　D. 做出应急预警和响应

答案：CD

10. 以下属于污水处理厂常见有限空间的是(　　)。
    A. 竖井　　　　　　　　　　　　　　　B. 下水道泵站
    C. 格栅间　　　　　　　　　　　　　　D. 污泥储存或处理设施

答案：ABCD

11. 封闭是指作业前，应封闭作业区域并在出入口周边显著位置设置(　　)。
    A. 应急处置方案　　B. 作业指导书　　C. 警示标识　　D. 安全标志

答案：CD

12. 关于用电安全，以下描述正确的是(　　)。
    A. 公共用电设备或高压线路出现故障时，要请电力部门处理
    B. 不乱动、乱摸电气设备
    C. 不用手或导电物如铁丝、钉子、别针等金属制品去接触、试探电源插座内部
    D. 使用中经常接触的配电箱、配电盘、闸刀、按钮、插座、导线等要完好无损

答案：ABCD

13. 关于用电安全，以下描述不正确的是(　　)。
    A. 公共用电设备或高压线路出现故障时，要请电力部门处理
    B. 打扫卫生、擦拭设备时，必须清理干净，用湿布去擦拭电气设备
    C. 用水冲洗电气设备，不会导致短路和触电事故
    D. 破损或将带电部分裸露，有露头、破头的电线、电缆杜绝使用

答案：BC

14. 发现有人触电时，要(　　)。
    A. 设法及时关掉电源　　　　　　　　　B. 用干燥的木棍等物将触电者与带电的电器分开
    C. 用手去直接救人　　　　　　　　　　D. 拿起身边任何物体使触电者与带电的电器分开

答案：AB

15. 应急响应主要任务包括(　　)。
    A. 接警与通知　　B. 警报和紧急公告　　C. 信息网络的建立　　D. 公众知识的培训

答案：AB

16. 应急准备主要任务包括( )。
 A. 接警与通知　　B. 警报和紧急公告　　C. 信息网络的建立　　D. 公众知识的培训
 答案：CD

17. 应急准备主要任务不包括( )。
 A. 接警与通知　　B. 应急队伍的建设　　C. 通讯　　D. 事态监测与评估
 答案：ACD

18. 关于伸手救援描述正确的有( )。
 A. 是指借助某些物品(如木棍等)的把落水者拉出水面的方法
 B. 使用该法救援时存在很大的风险
 C. 救援者稍加不慎就容易被淹溺者拽入水中
 D. 不推荐营救者使用该方式救援落水者
 答案：BCD

19. 关于灭火通常采用的方法描述正确的有( )。
 A. 冷却灭火法就是将灭火剂直接喷洒在可燃物上，使可燃物的温度降低到自燃点以下，从而使燃烧停止
 B. 冷却灭火法适用于扑救各种固体、液体、气体火灾
 C. 隔离灭火法是将燃烧物与附近可燃物隔离或者疏散开，从而使燃烧停止
 D. 抑制灭火法即采取适当的措施，阻止空气进入燃烧区，或惰性气体稀释空气中的氧含量，使燃烧物质缺乏或断绝氧而熄灭，适用于扑救封闭式的空间、生产设备装置及容器内的火灾
 答案：AC

20. 当设备内部出现冒烟、拉弧、焦味或着火等不正常现象时，应立即切断设备的电源，再实施灭火，并通知电工人员进行检修，避免发生触电事故。灭火应用( )等灭火器材灭火。
 A. 黄沙　　B. 二氧化碳　　C. 四氯化碳　　D. 泡沫
 答案：ABC

21. 设备中的保险丝或线路当中的保险丝损坏后千万不要用( )代替，空气开关损坏后应立即更换，保险丝和空气开关的大小一定要与用电容量相匹配，否则容易造成触电或电气火灾。
 A. 铝线　　B. 保险线　　C. 铁线　　D. 铜线
 答案：ACD

22. 危险化学品安全技术说明书的主要作用包括( )。
 A. 是化学品安全生产、安全流通、安全使用的指导性文件
 B. 是应急作业人员进行应急作业时的技术指南
 C. 为制订危险化学品安全操作规程提供技术信息
 D. 是企业进行安全教育的重要内容
 答案：ABCD

23. 安全生产法规定，生产经营单位应对重大危险源应急管理方面应承担的管理职责有( )。
 A. 进行重大危险源的申报
 B. 制定重大危险源事故应急救援预案
 C. 告知从业人员和相关人员在紧急情况下应采取的措施
 D. 有关事故应急措施应经过当地安全监管部门审批
 答案：ABC

三、简答题

1. 危险化学品安全技术说明书的主要作用是什么？
 答：(1)是化学品安全生产、安全流通、安全使用的指导性文件。
 (2)是应急作业人员进行应急作业时的技术指南。
 (3)为危险化学品、生产、贮置、贮存和使用各环节制订操作规程，提供技术信息。

(4)是企业进行安全教育的重要内容。
(5)为危害控制和预防措施的设计提供技术依据。

2. 使用易燃品特殊安全操作规程是什么？

答：(1)不许将易燃危险品放置在明火附近和试验地区附近。
(2)在贮存易着火的物质的周围不应有明火作业。
(3)工作地点应有良好的通风，四周不可放置有可燃性的物料。
(4)工作时要穿戴合理的防护器具，如护目镜、防护手套等。
(5)可燃的尤其是易挥发的可燃物，应存放在密闭的容器中，不许用无盖的开口容器贮存。

3. 使触电者脱离电源的方法有哪几种？

答：(1)关闭电源开关，拔去插头或熔断器。
(2)用干燥的木棒、竹竿等非导电物品移开电源或使触电人员脱离电源。
(3)用平口钳、斜口钳等绝缘工具剪断电线。

四、实操题

1. 简述有限空间作业的正确步骤。

答：(1)作业准备；(2)作业审批；(3)封闭作业区域及放置安全警示；(4)安全交底；(5)设备安全检查；(6)开启出入口；(7)安全隔离；(8)检测分析；(9)通风换气；(10)个体防护；(11)安全作业；(12)安全监护；(13)作业后清理。

第二节　理论知识

一、单选题

1. 原生动物通过分泌黏液和促使细菌（　　），从而对污泥沉降有利。
A. 繁殖加快　　　B. 发生絮凝　　　C. 迅速死亡　　　D. 活动加剧
答案：B

2. 活性污泥氧化沟工艺的污泥龄约为（　　）。
A. 4~8d　　　B. 2~4d　　　C. 6~15d　　　D. 8~36d
答案：D

3. 4.6g某有机物完全燃烧时，耗氧9.6g，生成8.8g二氧化碳和5.4g水，那么该有机物中（　　）。
A. 只含碳、氢元素
B. 只含碳、氢、氧元素
C. 不只含碳、氢、氧元素
D. 不含氧元素
答案：B

4. 原生动物通过（　　）可减少曝气池剩余污泥。
A. 捕食细菌　　　B. 分解有机物　　　C. 氧化污泥　　　D. 抑制污泥增长
答案：A

5. 关于好氧颗粒污泥说法错误的是（　　）。
A. 好氧颗粒污泥微生物菌群组成及功能与普通活性污泥差异大
B. 好氧颗粒污泥呈致密的类球状结构，从颗粒表面到颗粒核心区依次形成了好氧—缺氧—厌氧环境
C. 好氧颗粒污泥是指肉眼直观可见的团粒状污泥结构，粒径大于0.212nm
D. 通过对普通活性污泥进行淘洗筛选，并结合运行参数控制即可获得好氧颗粒污泥
答案：A

6. 好氧颗粒污泥结构致密，与普通活性污泥相比同体积内的微生物量高（　　）倍。
A. 2~5　　　B. 5~10　　　C. 1~2　　　D. 4~8
答案：A

7. 好氧颗粒污泥技术占地面积比 A-A-O 工艺节省（　　）以上。
A. 25%　　　　　　B. 30%　　　　　　C. 40%　　　　　　D. 35%
答案：B

8. AOE 工艺中在 A 区主要发生（　　）。
A. 反硝化反应　　　B. 硝化反应　　　　C. 光合反应　　　　D. 氧化反应
答案：A

9. 滤料应具有足够的机械强度和（　　）性能，并不得含有有害成分，一般可采用石英砂、无烟煤和重质矿石等。
A. 水力　　　　　　B. 耐磨　　　　　　C. 化学稳定　　　　D. 热稳定
答案：C

10. 生物滤池水力负荷是指（　　）。
A. 滤池每天处理水量　　　　　　　　　B. 滤池每天处理有机物量
C. 单位体积滤料每天处理水量　　　　　D. 单位体积滤料每天处理有机物量
答案：C

11. 重力滤池的主要作用是（　　）。
A. 去除细菌　　　　B. 去除细小的悬浮物　C. 去除 COD　　　　D. 去除 BOD_5
答案：C

12. 天然水经常表现出各种颜色，水中呈色的杂质可处于悬浮、胶体或溶解状态，包括（　　）在内所构成的水色称为表色。
A. 离子　　　　　　B. 胶体　　　　　　C. 溶解物质　　　　D. 悬浮杂质
答案：D

13. 用重铬酸盐法测定水中化学需氧量时，用（　　）作催化剂。
A. 硫酸—硫酸银　　B. 硫酸—氯化汞　　C. 硫酸—硫酸汞　　D. 硝酸—氯化汞
答案：A

14. 重铬酸钾氧化能力很强，能使污水中（　　）的有机物被氧化。
A. 55%～65%　　　B. 65%～75%　　　C. 75%～85%　　　D. 85%～95%
答案：D

15. 沉砂池中的砂粒的沉淀过程属于（　　）。
A. 自由沉淀　　　　B. 絮凝沉淀　　　　C. 成层沉淀　　　　D. 压缩沉淀
答案：A

16. 活性污泥在二沉池中沉淀初期属于（　　）。
A. 自由沉淀　　　　B. 絮凝沉淀　　　　C. 成层沉淀　　　　D. 压缩沉淀
答案：B

17. 活性污泥在二沉池中沉淀中期属于（　　）。
A. 自由沉淀　　　　B. 絮凝沉淀　　　　C. 成层沉淀　　　　D. 压缩沉淀
答案：C

18. 当活性污泥或化学污泥等杂质浓度大于（　　）时，将出现成区沉降。
A. 200～500mg/L　　B. 500～1000mg/L　　C. 750～1000mg/L　　D. 1000～2000mg/L
答案：B

19. 澄清法与混凝沉淀法相比较，澄清池的混合区增加了（　　）。
A. 反应时间　　　　B. 泥渣回流　　　　C. 沉降时间　　　　D. 混合时间
答案：B

20. 超滤膜是一种孔径规格一致，额定孔径范围为（　　）以下的微孔过滤膜。
A. 0.01μm　　　　　B. 0.1μm　　　　　C. 0.2μm　　　　　D. 0.3μm
答案：A

21. 关于水质指标，下列说法正确的是（　　）。

A. 对于可生物降解有机物，其COD_{Cr}等于BOD。
B. 大肠杆菌是一种主要的病原菌，因此大肠菌群数用作主要生物指标
C. 对于同一污水，$TOD > COD_{Cr} > BOD > TOC$
D. 一般$BOD_5/COD_{Cr} > 0.3$的污水适用于生物处理
答案：D

22. 污水流量和水质变化的观测周期越长，调节池设计计算结果的准确性与可靠性(　　)
A. 越高　　　　　　B. 越低　　　　　　C. 无法比较　　　　　　D. 零
答案：A

23. 颗粒在沉砂池中的沉淀属于(　　)。
A. 自由沉淀　　　　B. 絮凝沉淀　　　　C. 成层沉淀　　　　　　D. 压缩沉淀
答案：A

24. 下列说法不正确的是(　　)。
A. 好氧生物处理废水系统中，异养菌以有机化合物为碳源
B. 好氧生物处理废水系统中，自养菌以无机碳为碳源
C. 好氧生物处理废水系统中，异养菌的代谢过程存在内源呼吸
D. 好氧生物处理废水系统中，自养菌的代谢过程不存在内源呼吸
答案：D

25. 常见的3种压力溶气气浮工艺中不包括(　　)。
A. 部分加压法　　　B. 全回流加压法　　C. 全部加压法　　　　　D. 部分回流加压法
答案：B

26. 生物膜在有充足氧的条件下，对有机物进行氧化分解，将其转化为(　　)。
A. CO_2和水　　　B. 无机盐和CO_2　　C. 胶体　　　　　　　　D. 低分子有机物
答案：B

27. 细菌有(　　)种基本形态。
A. 2　　　　　　　　B. 3　　　　　　　　C. 4　　　　　　　　　　D. 5
答案：B

28. 污水处理中TN的去除效果主要受制于(　　)比值，其他影响因素包括污泥龄、水温、污泥与混合液的回流比等。
A. $NO_3 - N/TN$　　B. COD/TN　　　　C. BOD_5/TN　　　　　D. BOD_5/COD
答案：C

29. 生物膜污水处理系统中微生物的基本类群与活性污泥中(　　)。
A. 完全相同　　　　B. 完全不同　　　　C. 基本相同　　　　　　D. 相类似
答案：D

30. 与普通活性污泥法相比，生物膜法的优点主要表现在(　　)。
A. 对污水水质水量的变化引起的冲击负荷适应能力较强
B. 生物膜法的管理比较复杂，运行费用较高，但操作稳定性较好
C. 剩余污泥的产量高
D. BOD_5的去除较高
答案：A

31. 一切生物进行生命活动需要的物质和能量都是通过(　　)提供的。
A. 内源呼吸　　　　B. 外源呼吸　　　　C. 合成代谢　　　　　　D. 分解代谢
答案：D

32. 溶解氧在水体自净过程中是个重要参数，它可反映水体中的(　　)。
A. 耗氧指标　　　　　　　　　　　　　B. 溶氧指标
C. 有机物含量　　　　　　　　　　　　D. 耗氧和溶氧的平衡关系
答案：D

33. 以下工艺单元中，（ ）不属于生物处理单元。
A. 初沉池　　　　　　B. 厌氧池　　　　　　C. 缺氧池　　　　　　D. 二沉池
答案：A

34. 超滤膜的孔径范围（ ）。
A. $0.1 \sim 1\mu m$　　B. $0.1 \sim 10\mu m$　　C. $1 \sim 10\mu m$　　D. $1 \sim 100nm$
答案：D

35. 常见的化学沉淀方法中，（ ）沉淀较为困难，常常需要投加凝聚剂以促进沉淀。
A. 氢氧化物沉淀法　　B. 卤化物沉淀法　　C. 碳酸盐沉淀法　　D. 硫化物沉淀法
答案：D

36. 根据膜孔径从小到大排序正确的是（ ）。
A. 反渗透＜纳滤＜超滤＜微滤
B. 纳滤＜反渗透＜超滤＜微滤
C. 反渗透＜超滤＜纳滤＜微滤
D. 纳滤＜超滤＜反渗透＜微滤
答案：A

37. 絮凝、凝聚、混凝三者的关系是（ ）。
A. 絮凝＝凝聚＝混凝
B. 混凝＝絮凝＋凝聚
C. 絮凝＝凝聚＋混凝
D. 三者无关
答案：B

38. 近年研发并投入生产应用的污泥消化液高效、节能脱氮技术是（ ）。
A. 膜生物反应器　　B. 反硝化生物滤池　　C. 厌氧氨氧化　　D. 倒置A-A-O
答案：C

39. 如果水泵流量不变，管道截面减小了，则流速（ ）。
A. 增加　　　　　　B. 减小　　　　　　C. 不变　　　　　　D. 无关
答案：A

40. 离心鼓风机实际是一种（ ）装置。
A. 恒流量恒压　　B. 变流量恒压　　C. 变流量变压　　D. 恒流量变压
答案：B

41. 下列最能直接反映曝气池混合液中生物量的是（ ）。
A. 污泥沉降比　　B. 污泥浓度　　C. 污泥指数　　D. 挥发性污泥浓度
答案：D

42. （ ）是活性污泥的结构和功能中心，是活性污泥的基本组分。
A. 菌胶团　　　　B. 丝状菌　　　　C. 后生动物　　　　D. 微型动物
答案：A

43. BardenpHo工艺的脱氮率可高达（ ），因而是一种强化脱氮工艺。
A. 80%～85%　　B. 85%～90%　　C. 90%～95%　　D. 95%～100%
答案：C

44. （ ）格栅具有过滤、清渣、反洗、栅渣输送和压榨脱水等功能。
A. 回转式　　　　B. 转鼓式　　　　C. 阶梯式　　　　D. 抓斗式
答案：B

45. 在常见格栅栅条断面形式中，（ ）断面栅条的水流阻力小。
A. 正方形　　　　B. 带半圆的矩形　　C. 圆形　　　　D. 矩形
答案：C

46. 离心脱水机去除的是污泥中的（ ）。
A. 表层　　　　　B. 毛细水　　　　　C. 表面吸附水　　　　D. 内部水
答案：B

47. 按所需碳源的差异，参与污水生物处理过程的功能微生物可分为（ ）。
A. 厌氧菌与好氧菌
B. 硝化菌与反硝化菌

C. 聚磷菌与非聚磷菌 D. 异养菌与自养菌

答案：D

48. 生物滤池供气能力取决于（　　）。
A. 进水水质　　B. 进水水量　　C. 生物膜上生物相　　D. 滤池通风状况

答案：D

49. 对于浓缩池设置慢速搅拌器的作用，下列描述不正确的是（　　）。
A. 增加颗粒之间的凝聚作用　　　　B. 缩短浓缩时间
C. 使颗粒之间的间隙水与气泡逸出　　D. 提高浓缩效果

答案：A

50. 以下描述正确的是（　　）。
A. 污水的一级处理主要去除污水中呈悬浮状态的固体无机污染物质，完全不去除有机物
B. 污水的二级处理主要去除污水中呈胶体和溶解状态的有机污染物，并脱除氮
C. 污水中的有机污染物、氮、磷主要靠第三级处理完成
D. 污水处理净化过程中，水中的污染物都转移到了所谓的剩余污泥中了

答案：B

51. （　　）的变化会使二沉池产生异重流，导致短流。
A. 温度　　B. pH　　C. MLSS　　D. SVI

答案：A

52. 下列关于污泥的相关指标之间关系的描述中，错误的是（　　）。
A. 污泥体积与含水率成正相关　　　　B. 污泥含水率与 SVI 成正相关
C. 污泥含水率与含固量成反相关　　　　D. 污泥体积与沉降速度成正相关

答案：D

53. 在生产中，选择合适的混凝剂品种和最佳投加量是依靠（　　）。
A. 对水质的分析　　B. 水的酸碱度选择　　C. 混凝试验　　D. 处理要求

答案：C

54. 普通活性污泥法的实际需氧量为（　　）。
A. BOD 的氧化需氧量　　　　B. 活性污泥内源呼吸的硝化反应需氧量
C. 曝气池出水带出的氧量　　　　D. 以上三项的和

答案：D

55. 衡量污泥沉降性能和污泥吸附性能的指标是（　　）。
A. SV%　　B. SVI　　C. SS　　D. MLSS

答案：B

56. 以下关于丝状菌说法错误的是（　　）。
A. 丝状细菌同菌胶团一样，是活性污泥的重要组成部分
B. 细丝状形态的比表面积大，有利于摄取高浓度底物
C. 丝状细菌增殖速率快、吸附能力强、耐供氧不足能力以及在基质浓度条件下的生活能力都很强
D. 丝状细菌数量是影响污泥沉降性能的最重要因素

答案：B

57. 以下关于澄清池说法正确的是（　　）。
A. 澄清池是将絮凝和沉淀两个过程综合于一个构筑物中完成的
B. 主要去除含 SS 较高废水中的悬浮物
C. 常用于给水处理中，过滤之后
D. 利用沉淀原理建造

答案：A

58. 维系良好水循环的必由之路是（　　）。
A. 污水深度处理与减少污水排放　　　　B. 再生水利用与节约用水

C. 污水深度处理与再生水利用　　　　　D. 减少污水排放量与节约用水

答案：D

59. 下列属于无机污泥的是(　　)。
A. 油泥　　　　B. 生物膜　　　　C. 化学沉淀泥　　　　D. 剩余活性污泥

答案：C

60. 污泥浓度的大小间接反映混合液所含的(　　)量。
A. 无机物　　　　B. SVI　　　　C. 有机物　　　　D. DO

答案：C

61. 完全混合法主要特点在于(　　)。
A. 不易发生污泥膨胀　　　　　　　　B. 污泥负荷率较其他活性污泥法低
C. 产生短流现象少　　　　　　　　　D. 有效均化波动的进水水质，能较好地承受冲击负荷

答案：D

62. 下列关于各类混凝剂的描述不正确的是(　　)。
A. 聚合氯化铝为无机高分子化合物，温度和pH适应范围宽，适用性强
B. 硫酸亚铁(绿矾)矾花形成较快，较稳定，沉淀时间短
C. 无机铁盐混凝剂对金属管道的腐蚀性较强
D. 聚丙烯酰胺较易溶解，一般采用固体直接投加法

答案：D

63. 硫酸铝为常用混凝剂，其特点是(　　)。
A. 腐蚀性小，对水质无不良影响，当水温低时形成的絮体较松散
B. 腐蚀性小，对水质无不良影响，当水温低时形成的絮体较紧密
C. 腐蚀性小，对水质有不良影响，当水温低时形成的絮体较松散
D. 腐蚀性小，对水质有不良影响，当水温低时形成的絮体较紧密

答案：A

64. 沉速与颗粒直径的(　　)成比例，加大颗粒的粒径，有助于提高沉淀效率。
A. 大小　　　　B. 立方　　　　C. 平方　　　　D. 不能

答案：C

65. 在影响混凝的主要因素中，能直接改变混凝剂水解产物存在形态的是(　　)。
A. 水温　　　　B. pH　　　　C. 混凝剂　　　　D. 水利条件

答案：B

66. 在微生物酶系统不受变性影响的温度范围内，水温上升就会使微生物活动旺盛，就能(　　)反应速度。
A. 不变　　　　B. 降低　　　　C. 无关　　　　D. 提高

答案：D

67. 活性污泥的沉淀特征为：随着时间的延长，沉降形态在不断地变化，下列变化排序正确的是(　　)。
①压缩沉降；②自由沉降；③集团沉降；④絮凝沉降
A. ③④②①　　　　B. ④①③②　　　　C. ②④③①　　　　D. ①②③④

答案：C

二、多选题

1. 下列属于曝气生物滤池的缺点的是(　　)。
A. 系统操作复杂　　　　B. 能耗较高　　　　C. 生物除磷效果差　　　　D. 生物脱氮效果差

答案：AC

2. 污水分为(　　)。
A. 生活污水　　　　B. 工业废水　　　　C. 初期雨水　　　　D. 灌溉用水

答案：ABC

3. 氨氮包括(　　)。

A. 游离氨　　　　　　B. 铵离子　　　　　　C. 凯氏氮　　　　　　D. 亚硝态氮
答案：AB

4. 以下属于污水的化学指标的是(　　)。
A. COD　　　　　　　B. 总氮　　　　　　　C. 总磷　　　　　　　D. 浊度
答案：ABC

5. 关于污水的主要处理方法按原理可分为(　　)。
A. 物理法　　　　　　B. 化学法　　　　　　C. 生物化学法　　　　D. 物理化学法
答案：ABCD

6. 将污水处理方式按处理程度可分为(　　)。
A. 一级处理　　　　　B. 二级处理　　　　　C. 深度处理　　　　　D. 初级处理
答案：ABC

7. 属于物理法的方法或工艺有(　　)。
A. 格栅　　　　　　　B. 砂滤　　　　　　　C. 气浮　　　　　　　D. 沉淀
答案：ABCD

8. 以下关于氧化沟工艺说法正确的是(　　)。
A. 从整体看，内部水流为完全混合式，能承受水质水量的冲击负荷
B. 通常不设初沉池，可以将曝气池和二沉池合建成一体
C. 间歇进水，依次经历反应、沉淀、滗水、闲置4个阶段完成对污水的处理过程
D. 剩余污泥产量大
答案：AB

9. PAM对污泥进行调质的主要机理是(　　)。
A. 压缩双电层　　　　B. 氧化　　　　　　　C. 还原　　　　　　　D. 吸附架桥
答案：AD

10. 混凝沉淀工艺可设置在(　　)。
A. 生物处理工艺前　　B. 生物池里工艺后　　C. 气浮工艺前　　　　D. 气浮工艺后
答案：ABC

11. 磷的存在形态中有(　　)。
A. 正磷酸盐　　　　　B. 聚磷酸盐　　　　　C. 有机磷　　　　　　D. 游离态的磷
答案：ABC

12. 下列关于污水中指标的说法正确的是(　　)。
A. 污水中氨氮含量大于有机氮含量
B. 污水中总氮为凯氏氮和氨氮、硝酸盐氮、亚硝酸盐氮之和
C. 污水中凯氏氮含量大于氨氮含量
D. 污水中总固体包括悬浮固体、溶解性固体、挥发性固体
E. 水中低浓度悬浮颗粒和胶体数量影响浊度
F. 氧化还原电位大于零，污水处于好氧状态
答案：CE

13. 曝气池中的活性污泥共由(　　)组成。
A. 活性污泥微生物　　　　　　　　　　　　B. 活性污泥代谢产物
C. 活性污泥吸附的难降解惰性有机物　　　　D. 活性污泥吸附的无机物质
答案：ABCD

14. 曝气生物滤池的组成部分包括(　　)。
A. 提升泵系统　　　　B. 滤池过滤系统　　　C. 反冲洗系统　　　　D. 排泥系统
答案：ABC

15. 膜系统还需要进行化学清洗，化学清洗的方式包括(　　)。
A. 药剂清洗　　　　　B. 维护性清洗　　　　C. 恢复性清洗　　　　D. 反冲洗

答案：BC

16. 以下处理方法中属于深度处理的是(　　)。
A. 吸附　　　　　　　B. 离子交换　　　　　C. 沉淀　　　　　　D. 膜技术
答案：ABD

17. 曝气生物滤池的优点包括(　　)。
A. 运行费用低　　　　　　　　　　　　　B. 抗冲击负荷能力强，耐低温
C. 对进水 SS 要求严格　　　　　　　　　D. 易挂膜
答案：ABD

18. 臭氧接触工艺用于对再生水的臭氧氧化，利用臭氧的强氧化性，对再生水起到(　　)等作用。
A. 脱色　　　　　　　B. 除臭　　　　　　　C. 灭活微生物　　　D. 去除 SS
答案：ABC

19. 下列不是臭氧消毒优点的是(　　)。
A. 运行费低　　　　　B. 便于管理　　　　　C. 不受水的 pH 影响　D. 可持续消毒
答案：ABD

20. 氧的转移速度取决于(　　)。
A. 水温　　　　　　　B. 污水的性质　　　　C. 水流的紊流程度　　D. 氧分压
答案：ABCD

21. 废水中含磷化合物可分为有机磷和无机磷两类。有机磷的存在形式主要有(　　)。
A. 葡萄糖-6-磷酸　　　B. 偏磷酸盐　　　　　C. 磷酸二氢盐　　　　D. 2-磷酸-甘油酸
E. 正磷酸盐　　　　　F. 磷肌酸　　　　　　G. 磷酸氢盐
答案：ADF

22. 污泥厌氧消化过程中，产甲烷菌的作用是(　　)。
A. 使酸性消化阶段的代谢产物进一步分解成污泥气
B. pH 上升
C. 能氧化分子状态的氢，并利用二氧化碳作为电子接受体
D. 保持 pH 相对稳定
答案：ABC

23. 雷诺系数与流体的(　　)有关。
A. 黏度　　　　　　　B. 密度　　　　　　　C. 流速　　　　　　D. 压强
答案：ABC

24. 用于废水处理的膜分离技术包括(　　)。
A. 扩散渗析　　　　　B. 电渗析　　　　　　C. 反渗透
D. 深床滤池　　　　　E. 超滤　　　　　　　F. 微滤
答案：ABCEF

25. 吸泥机的吸泥方式有(　　)。
A. 虹吸式　　　　　　B. 气提式　　　　　　C. 静压式　　　　　　D. 泵吸式
答案：ACD

27. 导致缺氧段脱氮效率降低可能的原因是(　　)。
A. 混合液回流比太小　　　　　　　　　　B. 进水 BOD 太低
C. 缺氧段溶解氧太低　　　　　　　　　　D. pH 太低
答案：ABCD

28. 药液投加量调整步骤有(　　)。
A. 检查药液浓度　　　　　　　　　　　　B. 检查加药点投药量
C. 调整投药量　　　　　　　　　　　　　D. 检查溶液池药液储存量
答案：ABCD

29. 膜污染的化学清洗方法包括(　　)。

A. 碱洗　　　　　　　B. 酸洗　　　　　　　C. 消毒剂清洗　　　　D. 有机溶剂清洗
答案：ABCD

30. 下列影响生物除磷的因素有(　　)。
A. pH　　　　　　　　B. BOD_5/TN　　　　C. BOD_5/TP　　　　D. SS
答案：AC

31. 管道状况主要检查类别分为(　　)。
A. 功能状况检查　　　B. 排水状况检查　　　C. 淤积状况检查　　　D. 结构状况检查
答案：AD

32. 截流闸门主要包括(　　)。
A. 渠道式闸门　　　　B. 附壁式闸门　　　　C. 叠梁闸　　　　　　D. 钢制闸门
答案：ABD

三、简答题

1. 污水处理中臭氧的特点是什么？

答：(1)臭氧是优良的氧化剂，可以彻底分解污水中的有机物。

(2)可以杀灭包括抗氯性强的病毒和芽孢在内的所有病原微生物。

(3)在污水处理过程中，受污水pH、温度等条件的影响较小。

(4)臭氧分解后变成氧气，增加水中的溶解氧，改善水质。

(5)臭氧可以把难降解的有机物大分子分解成小分子有机物，提高污水的可生化性。

(6)臭氧在污水中会全部分解，不会因残留造成二次污染。

2. 好氧颗粒污泥相较于传统活性污泥法的优点有哪些？

答：(1)好氧颗粒污泥结构致密，与普通活性污泥相比同体积内的微生物量高2~5倍，沉淀速度是普通活性污泥的10倍，节省沉淀时间。

(2)占地面积比A－A－O工艺节省30%以上；生物量高，可达8~15g/L，避免了污泥膨胀问题，出水水质好，耐冲击负荷能力强。

(3)池形结构简单，易于维护；较传统工艺可节省能耗20%以上。

3. 制定和施行《城镇排水与污水处理条例》的目的是什么？

答：《城镇排水与污水处理条例》是为了加强对城镇排水与污水处理的管理，保障城镇排水与污水处理设施安全运行，防治城镇水污染和内涝灾害，保障公民生命、财产安全和公共安全，保护环境。

4. 城镇排水与污水处理是市政公用事业和城镇化建设的重要组成部分。近年来，我国城镇排水与污水处理事业取得较大发展，但仍存在一些问题，具体存在哪些突出问题？

答：(1)城镇排涝基础设施建设滞后，暴雨内涝灾害频发。一些地方对城镇基础设施建设缺乏整体规划，重地上、轻地下，重应急处置、轻平时预防，建设不配套，标准偏低，硬化地面与透水地面比例失衡，城镇排涝能力建设滞后于城镇规模的快速扩张。

(2)排放污水行为不规范，设施运行安全得不到保障，影响城镇公共安全。目前在城镇排水方面，国家层面还没有相应立法，一些排水户超标排放，将工业废渣、建筑施工泥浆、餐饮油脂、医疗污水等未采取预处理措施直接排入管网，影响管网、污水处理厂运行安全和城镇公共安全。

(3)污水处理厂运营管理不规范，污水污泥处理处置达标率低。一些污水处理厂偷排或者超标排放污水，擅自倾倒、堆放污泥或者不按照要求处理处置污泥，造成二次污染。

(4)政府部门监管不到位，责任追究不明确。政府部门对排水与污水处理监管不到位，对不履行法定职责的国家工作人员的责任追究以及排水户等主体的法律责任没有明确规定。

5. SBR工艺的流程以及主要特点是什么？

答：SBR工艺是在单一的反应器内，按时间顺序进行进水、反应(曝气)、沉淀、排水、待机(闲置)五个阶段的操作，从进水到待机为一个周期。这种周期周而复始，完成序批式处理。

SBR工艺的主要特征是在运行上的有序和间歇操作，其技术核心就是SBR反应池，该池集均化、初沉、生物降解、二沉等功能于一池，无污泥回流系统。与传统污水处理工艺相比，SBR技术用时间分割的操作方式替代了空间分割的操作方式,用非稳定生化反应替代了稳态生化反应,用静置理想沉淀替代传统的动态沉淀。

6. 什么是污泥膨胀,引起活性污泥膨胀的因素有哪些,其原因如何?

答:污泥膨胀是指微生物的生存环境中,由于某种因素的改变,使活性污泥结构松散,体积膨胀,沉降性能变差,污泥沉降体积(%)及污泥体积指数(SVI)值均异常上升,污泥膨胀通常是由于活性污泥絮体中的丝状菌过度繁殖或污泥中结合水增多引起的膨胀。

引起活性污泥膨胀的因素如下:
(1)水质:如含有大量可溶性有机物;陈腐污水;碳氮比失调。
(2)温度:温度>30℃,丝状菌特别易繁殖。
(3)DO:低或高都不行,丝状菌都能得到氧而增长。
(4)冲击负荷:由于负荷高,来不及氧化,丝状菌就要繁殖。
(5)毒物流入。

引起活性污泥膨胀的原因:(1)大量丝状菌的繁殖;(2)高黏性多糖类的蓄积。

7. 简述吸泥机虹吸管被破坏的原因。

答:(1)虹吸管被破坏的原因包括沉淀池短时间内进水不足,使液面下降;(2)局部污泥稠,堵塞管道;(3)回流污泥泵出故障,使出流污泥槽液面上升,出泥压力不足;(4)虹吸管或虹吸管阀门漏气。因此应经常巡视,及时发现及时处理。

四、计算题

1. 用 $Ca(OH)_2$ 处理含 Cd^{2+} 废水,欲将 Cd^{2+} 浓度降至 0.1mg/L,需保证 pH 为多少?(已知 Cd 的原子量为 112,$Cd(OH)_2$ 的平衡常数 $K_{sp}=2.2\times10^{-14}$)

解:由 $Cd(OH)_2 = Cd^{2+} + 2OH^-$,得 $[Cd^{2+}][2OH^-]^2 = K_{sp}$

已知 $K_{sp}=2.2\times10^{-14}$,则 $Cd^{2+} = 0.1mg/L = 0.1/112 \approx 8.9\times10^{-4}$ mol/L

$[2OH^-]^2 = 2.2\times10^{-14}/[Cd^{2+}] = 2.2\times10^{-14}/(8.9\times10^{-4}) \approx 0.25\times10^{-10}$

得 $[OH^-] = 0.25\times10^{-5}$ mol/L

由水解平衡常数 $K_w = [H^+][OH^-] = 10^{-14}$,得 $pH = -\lg[H^+] = -\lg(K_w/[OH^-]) = -\lg(10^{-14}/0.25\times10^{-5}) = 8.7$,即需保证 pH 为 8.7。

2. 已知污水处理量 $Q=30$ 万 m^3/d,生物反应池容积 $V=12$ 万 m^3/d,池中生物固体浓度为 $X=5000mg/L$,微生物产率系数 $Y=0.6$,内源呼吸衰减系数 $K_d=0.05$,进水 BOD_5 浓度 $S_0=100mg/L$,出水 BOD_5 浓度 $S_e=10mg/L$,进水 SS 浓度为 150mg/L,出水 SS 浓度为 10mg/L,MLVSS/MLSS = 0.5,污泥产率修正系数 $f=0.7$,污泥含水率 99%,求每天排放剩余污泥量。

解:排放剩余污泥量 $\Delta X = Y\times Q\times(S_0-S_e) - K_d\times V\times X\times(MLVSS/MLSS) + f\times Q\times(SS_0-SS_e) = 0.6\times30\times10^4\times(100-10)\times10^{-3} - 0.05\times12\times10^4\times5\times0.5 + 0.7\times30\times10^4\times(150-10)\times10^{-3} = 30600$ kg/d

对应的湿污泥体积为 $V = 30600/(1-99\%)/1000 = 3060 m^3/d$,即每天排放剩余污泥量为 $3060 m^3$。

3. 某污水处理厂曝气池有效容积 $5000m^3$,曝气池内活性污泥浓度 MLVSS 为 3000mg/L,进水流量 $22500m^3/d$,进水 BOD_5 为 200mg/L,求该厂的活性污泥的有机负荷。

解:有机负荷 $F/M = (Q\times BOD_5)/(MLVSS\times V_a) = (22500\times200)/(3000\times5000) = 0.3 kg\ BOD_5/(kg\ MLSS\cdot d)$

4. 已知某初沉池进水量为 $20000m^3/d$,进水 SS 浓度为 300mg/L,出水浓度为 180mg/L,当排放固形物浓度为 1%的污泥量时,求排泥量?

解:干污泥量 $M_s = (SS_{进}-SS_{出})\times Q = (300-180)\times20000/1000000 = 2.4 m^3/d$,得

排泥量 $= 2.4/1\% = 240 m^3/d$

5. 某污水处理厂采用 SBR 处理工艺,曝气阶段活性污泥浓度 MLSS 为 3000mg/L,SVI 值为 100,反应池有效水深 H 为 6m,求排水阶段应控制的合理排水深度(安全余量取 0.1m)。

解:合理排水深度 $h = H\times(1-SVI\times MLSS/10^3) - \Delta h = 6\times(1-100\times3000\times10^{-6}) - 0.1 = 4.1m$

6. 已知生物滤池最大设计流量 Q 为 46L/s,每根布水横管上的布水孔数 n 为 192,布水孔直径 d 为 15mm,

布水器直径 D 为 22800mm，求布水器转速 m。

解：布水器转速 $m = (34.78 \times 10^6 \times Q)/(n \times d^2 \times D) = (34.78 \times 10^6 \times 46)/(192 \times 15^2 \times 22800) \approx 1.62 \text{rad/min}$

7. 某污水处理厂污泥采用带式压滤机脱水，采用阳离子 PAM 进行污泥调质。试验确定干污泥投药量为 0.35%，脱水前污泥含固量为 4.5%，求污泥量为 1800m³/d 时每天所需投加的总药量。

解：污泥调质每天所需投加的阳离子 PAM 量为 $M = Q \times C_0 \times f = 1800 \times 45 \times 0.35\% = 283.5 \text{kg}$

8. 某废水 BOD_5 浓度为 270mg/L，进生物滤池前需进行出水回流稀释，回流比为 1.5，要求处理后 BOD_5 浓度小于 20mg/L，求经回流水稀释后的 BOD_5 浓度。

解：经回流水稀释后的 BOD_5 浓度 $L_a = (L_0 + R \times L_e)/(1 + R) = (270 + 1.5 \times 20)/(1 + 1.5) = 120 \text{mg/L}$

9. 某工厂的污水量 $Q = 200\text{m}^3/\text{h}$，$BOD_5 = 300\text{mg/L}$，$NH_3-N$ 的含量为 5mg/L，问需要补充多少氮量（以含氮量 20% 的工业用 $(NH_4)_2SO_4$ 计算）？

解：$BOD_5 : N = 100 : 5$，则 $N = BOD_5 \times 5/100$，所需氮量为 3kg/h（理论值）

由于废水中已有氮量为 $5 \times 200 = 1000\text{g/h} = 1\text{kg/h}$，则

每小时只需补充 2kg 的氮量，换算成 $(NH_4)_2SO_4$ 为 $2/20\% = 10\text{kg/h}$

第三节 操作知识

一、单选题

1. 当混合液或回流污泥中存在原生动物，但活性较低时，且活性污泥呼吸速率低，可能原因为（　　）。
A. 负荷过高　　　　B. 污泥中毒　　　　C. 污泥龄偏高　　　　D. 温度较低
答案：B

2. 不属于二次沉淀池的外观异常的现象是（　　）。
A. 处理出水浑浊　　B. 浮渣上浮　　　　C. 活性污泥流出　　　D. 污泥解体
答案：D

3. 在活性污泥法污水处理厂废水操作工进行巡检时，看到二沉池上清液变得混浊并有气泡时，是因为（　　）。
A. 负荷过高　　　　B. 污泥中毒　　　　C. 污泥解体　　　　　D. 反硝化或局部厌氧
答案：D

4. 下列最能直接反映曝气池中活性污泥的松散或凝聚等沉降性能的是（　　）。
A. SV　　　　　　　B. MLSS　　　　　C. SVI　　　　　　　D. MLVSS
答案：C

5. 关于丝状体污泥膨胀的产生原因，下列表述错误的是（　　）。
A. 溶解氧浓度过低　B. F/M 过高　　　C. 废水中营养物质不足　D. 局部污泥堵塞
答案：D

6. 下列关于曝气池水质监测项目对水质管理影响的说法，不正确的是（　　）。
A. 水温可以作为推测活性污泥法净化效果、探讨运行条件的资料。一般在 10~35℃ 范围内，水温每升高 10℃，微生物代谢速度提高 1 倍
B. 微生物的代谢速度与各种酶的活性有关，而酶活性受 pH 影响很大，一般活性污泥法要求 pH 保持在 6.0~8.5
C. 对池内 DO 进行测定是为了判断池内溶解氧浓度是否满足微生物代谢活动对氧的需求
D. MLSS 是曝气池混合液悬浮固体浓度，计算污泥负荷、SRT、SVI 以及调节剩余污泥量、回流污泥量都要使用 MLSS
答案：A

7. 下列关于生化池操作过程中应注意的事项，错误的是（　　）。
A. 控制好进水流量，通过阀门随时调节废水量
B. 检查兼氧池、好氧池溶解氧浓度、pH，并控制在工艺规定的范围内

C. 检查曝气池布气是否均匀，并通过进气阀门调整

D. 根据污泥沉降比、污泥浓度，调整好进水量、进气量，控制好 pH，回流污泥量，防止发生污泥膨胀及污泥老化现象

答案：A

8. 二次沉淀池的运行管理要点包括沉淀时间的调节、入流闸的调节、污泥刮泥机的运转、活性污泥排泥量的调节以及(　　)。

A. 曝气池 SV 的测定和二次沉淀池透明度的测定

B. 曝气池 SV 的测定和 DO 的测定

C. 曝气池 MLSS 的测定和 DO 的测定

D. 二次沉淀池透明度的测定和 DO 的测定

答案：A

9. 生化池受冲击严重时，下列处理顺序不正确的是(　　)。

A. 先调节水质，后进行闷曝　　　　B. 先停生化进水，后调节营养比

C. 先停生化进水，后调节水质　　　D. 先停生化进水，再调整操作单元

答案：A

10. 齿轮箱轴承每工作(　　)后也必须清洗并填装润滑油，用量为轴承空间的(　　)。

A. 10000h, 1/3　　　　　　　　　　B. 10000h, 2/3

C. 5000h, 1/3　　　　　　　　　　D. 5000h, 2/3

答案：B

11. 剩余污泥泵启动后，观察声音是否正常，控制箱无异味，同时查看各项指示灯及电流低于(　　)，观察流量是否正常。

A. 40A　　　　B. 44A　　　　C. 48A　　　　D. 52A

答案：B

12. 二沉池处理效率的衡量与曝气池分不开，一般都以出水(　　)是否符合排放标准及进出水去除率来衡量曝气—二沉系统效率。

A. COD 和色度　　B. BOD 和 SS　　C. COD 和 SS　　D. 氨氮和 COD

答案：B

13. 下列关于微生物接种培养与驯化的描述，不正确的是(　　)。

A. 闷曝的过程中间断向生化池补充营养　　B. 工业废水投加量逐渐增加

C. 先向曝气池内投入高浓度的废水　　　　D. 投入厌氧消化后的粪便水作为细菌的营养液

答案：C

14. 滤池水力冲洗强度应为(　　)，冲洗时滤料膨胀率应在 45% 左右。

A. 5~8L/(m²·s)　　B. 10~15L/(m²·s)　　C. 8~17L/(m²·s)　　D. 10~20L/(m²·s)

答案：C

15. 为防止颗粒滤料流失，上向流式滤池不允许过水流量有过大幅度(　　)。

A. 增加　　　　B. 减少　　　　C. 流失　　　　D. 冲击

答案：A

16. 为保证生物滤池过滤系统的安全运行，在加压泵后和膜系统前设置自清洗过滤器，过滤器过滤精度为(　　)，减少较大颗粒物对过滤膜正常运行的危害。

A. 100μm　　　B. 200μm　　　C. 300μm　　　D. 400μm

答案：B

17. 镜检时发现大量轮虫，说明(　　)。

A. 处理水质良好　　B. 污泥老化　　C. 进水浓度低　　D. 溶解氧高

答案：B

18. 通常在活性污泥培养和驯化阶段中，原生动物种类的出现和数量的变化往往会按照一定的顺序。在运行初期曝气池中常出现大量(　　)。

A. 肉足虫和鞭毛虫　　B. 鞭毛虫和钟虫　　C. 鞭毛虫和轮虫　　D. 钟虫和轮虫

答案：A

19. 在填写记录表中，对自动运行的设备，记录时使用(　　)两个动词。

A. 投或出　　　　B. 开或关　　　　C. 投或退　　　　D. 开或停

答案：C

20. 用于贸易结算、外部检查、对外报送的原始记录须采用(　　)的方式进行记录。

A. 自动生成　　　B. 人工记录　　　C. 照相　　　　　D. 录像

答案：B

21. 生产运营中消耗的燃油、石灰、添加剂、药剂等材料支出属于(　　)。

A. 动力费　　　　B. 材料费　　　　C. 制造费用　　　D. 日常修理费

答案：B

22. 各成本单位生产运营所用的各种机器设备、设施、构筑物等固定资产所发生的日常中小修理费用属于(　　)。

A. 水质检测费　　B. 日常修理费　　C. 大修理费　　　D. 物料消耗费

答案：B

23. 鼓风机的运行记录时，需填写当日累计运行时间、电表字数、(　　)。

A. 回流量　　　　B. 水量　　　　　C. 用电量　　　　D. 栅渣量

答案：C

24. 下列关于记录栏操作内容填写的说法，错误的是(　　)。

A. 对自动运行的设备，记录时使用投或退两个动词；对手动运行的设备，记录时使用开或停两个动词

B. 要求对各项设备的操作，要说明其操作原因。原因内容记录在操作内容后的括弧中。若为设备故障原因，要尽量将故障部位及故障情况描述清楚

C. 要记录清楚检修时间，若状态记录栏内无法反映检修时间时，可以在值班记录栏内不填写检修时间

D. 操作时间顶头写，时间后面写操作对象。操作对象后面用括号括起，写操作原因，无可填写的操作内容时，应在值班记录栏右下角注明运行状态未改变

答案：C

25. 下列关于运行值班表填写的说法，错误的是(　　)。

A. 运行记录中填写人员一栏要求当班人员本人签署姓名，记录填写人姓名签署在首位

B. 凡记录中涉及的计量单位必须是国家法定计量单位，要求以规范形式填写

C. 记录中的每一项数据填写按要求，不必位数统一

D. 对每一本记录要求整洁，无破损，不允许随意损坏、撕毁记录本或作为它用

答案：C

26. 在将泵的出口阀关小时，泵出口压力表读数将(　　)。

A. 增大　　　　　B. 减小　　　　　C. 不变　　　　　D. 无法确定

答案：A

27. 兆欧表测绝缘电阻时，手摇转速应为(　　)。

A. 60r/min　　　　B. 120r/min　　　C. 越快越好　　　D. 无规定

答案：B

28. 关于曝气池的维护管理，下列说法错误的是(　　)。

A. 应调节各池进水量，使各池均匀配水

B. 当曝气池水温低时，应适当缩短曝气时间

C. 应通过调整污泥负荷、污泥龄等方式控制其运行方式

D. 合建式的完全混合式曝气池的回流量，可通过调节回流闸进行调节

答案：B

29. 在MBR工艺运行过程中，为确保膜丝使用寿命及膜通量，通常情况下，跨膜压差(TMP)应控制在(　　)范围内。

A. -10kPa 至 -30kPa B. -20kPa 至 -50kPa
C. 10kPa 至 0kPa D. -10kPa 至 -50kPa
答案：A

30. 污水处理厂出水 SS 超标时，应采取的措施不包括（ ）。
A. 调整运行泥龄 B. 调整生物池溶解氧浓度分布
C. 检查二沉池及过滤系统的运行状况 D. 增加好氧池供氧量
答案：D

31. 一般正常情况下，MBR 系统生物池污泥浓度应当控制在（ ）。
A. 1500~3000mg/L B. 7000~10000mg/L
C. 5000~10000mg/L D. 11000~14000mg/L
答案：B

32. 下列关于闸（阀）门的定期维护中不符合规定的是（ ）。
A. 齿轮箱润滑油脂加注或更换每年 1 次
B. 行程开关、过扭矩开关及联锁装置完好有效，检查和调整每年 1 次
C. 电控箱内电气元件完好无腐蚀，检查每半年 1 次
D. 连接杆、螺母、导轨、门板的密闭性完好，闭合位移余量适当，检查每 3 年 1 次
答案：B

33. 在开始培养活性污泥的初期，此时镜检会发现大量的（ ）。
A. 变形虫 B. 草履虫 C. 鞭毛虫 D. 线虫
答案：A

34. 初沉池宜每年排空（ ）次，清理配水渠、管道和池底部积泥并检修刮泥机及水下部件等。
A. 1 B. 2 C. 3 D. 4
答案：A

35. SBR 池在运行过程中，为保证良好的脱氮效果，进水阶段可采取（ ）的方式运行。
A. 提升污泥浓度 B. 限制曝气 C. 增加溶解氧 D. 间歇进水
答案：B

36. 对格栅流速的控制，下列做法错误的是（ ）。
A. 以确保过水为原则 B. 均匀每组格栅的配水
C. 定时对格栅进行清理 D. 及时调整格栅的台数
答案：A

37. 离心泵轴承的润滑脂每运转（ ）就需要更换 1 次。
A. 500h B. 1000h C. 2000h D. 3000h
答案：C

38. 启动离心泵时，为了减少启动功率，应将出口阀门（ ）。
A. 全开 B. 打开一半 C. 全闭 D. 打开四分之一
答案：C

39. 二沉池运行记录中吸泥机状态根据实际情况填写：运行、备用、故障、检修，并计算填写吸泥机（ ）。
A. 运行时间 B. 当日累计运行时间
C. 累计运行时间 D. 当日运行时间
答案：B

40. 液氯消毒污水接触时间应大于等于（ ）。
A. 15min B. 30min C. 45min D. 60min
答案：B

41. 二沉池中发生反硝化、污泥结块上浮现象，其前提条件不包括（ ）。
A. DO 浓度低 B. 硝酸盐浓度高 C. BOD 有剩余 D. SRT 低
答案：D

42. 当外界对水中有冲击负荷或是有毒物质进入水中时，（　　）数量急剧减少。
A. 钟虫　　　　　B. 草履虫　　　　　C. 轮虫　　　　　D. 楯纤虫
答案：D

43. （　　）可反映曝气池正常运行的活性污泥量，可用于控制、调节剩余污泥的排放量。
A. MLSS　　　　B. SV　　　　　　C. SVI　　　　　D. SRT
答案：B

44. 以下不属于活性污泥发黑的原因是（　　）。
A. 硫化物的积累　　　　　　　　　B. 氧化锰的积累
C. 工业废水的流入　　　　　　　　D. 氢氧化铁的积累
答案：D

45. 在活性污泥法污水处理厂巡检时，发现曝气池表面某处翻动缓慢，其原因可能是（　　）。
A. 曝气头脱落　　B. 扩散器堵塞　　C. 曝气过多　　　D. SS 浓度太大
答案：B

46. 拆开电机接线盒内的导线连接片，用（　　）兆欧表摇测电机绕组相与相、相对地间的绝缘电阻值不低于（　　）。
A. 220V，0.1MΩ　　B. 220V，0.5MΩ　　C. 500V，0.5MΩ　　D. 500V，0.1MΩ
答案：C

47. 回转式吸泥机一般采用（　　）吸泥，每个吸泥管的出泥量可用锥形阀控制，只要其液面高于中心泥罐的液面即可工作。但靠近边缘的吸管压力差小，锥形阀开启要大。当吸取较稀污泥时，有时需借助（　　）方式强制提升污泥。
A. 静压式，气提　　B. 降压式，虹吸　　C. 虹吸式，气提　　D. 气提式，虹吸
答案：A

48. 下列关于曝气池进水检查要求的说法，错误的是（　　）。
A. 检查曝气池池底、泥斗内是否有异物
B. 检查各池组泄空阀门是否关闭，全部关闭后方可进水
C. 如停水是为了对曝气池内曝气头及布气管进行维修、维护，应将曝气系统关闭
D. 打开曝气池进水阀门开始进水，至曝气池总量2/3处后打开曝气池回流污泥阀门向曝气池注入回流污泥
答案：C

49. 曝气用鼓风机出口的管道总是热的主要原因是（　　）。
A. 空气受到摩擦发热　　　　　　　B. 电动机发热带到空气中
C. 曝气需要热空气，人为将气体加热　D. 空气被压缩后自然会温度升高
答案：D

二、多选题

1. 砂滤出水 SS 升高的原因有（　　）。
A. 砂滤前端进水的 SS 升高　　　　B. SS 仪表故障
C. 砂滤提升泵故障　　　　　　　　D. 大部分洗砂器堵塞
答案：ABD

2. 超滤膜运行记录需要统计填写的信息有（　　）。
A. 溢流水量　　B. 电量　　　　C. 反冲洗水量　　D. 药剂使用量
答案：ABCD

3. 生产统计数据的管理，包括（　　）原始记录的填写。
A. 化验数据　　B. 生产运行记录　　C. 生产运行日报　　D. 生产数据台账
答案：BCD

4. 运行统计报表是指在生产、统计过程中形成的文字记录、台账、电子报表、在线监测等形式的运行、化验及其他生产统计及其衍生数据报表，包括但不限于（　　）。

A. 在日常生产过程产生的水、电、泥、药、质等方面的原始记录、台账及统计报表
B. 所有化验数据及水质检测报告
C. 对外公示以及信息化系统的数据
D. 对外报送、成果展示、工作汇报等方面涉及的数据
答案：ABCD

5. 以下属于直接生产成本的是(　　)。
A. 动力费　　　　B. 材料费　　　　C. 制造费用　　　　D. 日常修理费
答案：ABC

6. 投加外部碳源时，投加点宜设在(　　)。
A. 反硝化区进口端　　B. 反硝化区末端　　C. 前端的厌氧区　　D. 末端的厌氧区
答案：AC

7. 混凝过程中，混合阶段的要求是使药剂迅速均匀地扩散到全部水中以创造良好的(　　)条件，使胶体脱稳并借颗粒的布朗运动和紊动水流进行凝聚。
A. 水解　　　　B. 聚合　　　　C. 沉淀　　　　D. 吸附
答案：AB

8. 污泥膨胀的主要特性是(　　)。
A. 污泥结构松散、体积膨胀、沉淀压缩性差
B. 含水率上升、SV 值增大、SVI 值增高(达 300 以上)
C. 大量污泥流失
D. 颜色也有变异、出水浑浊
答案：ABCD

9. 二沉池出水 BOD_5 与 COD 突然升高的原因为(　　)。
A. 进入曝气池的污水水量突然加大　　B. 有机负荷突然升高
C. 进入曝气池的污水水量突然减少　　D. 曝气充氧量不足
E. 刮泥机运转不正常　　F. 有毒有害物质浓度突然升高
答案：ABDEF

10. 活性污泥膨胀时，应检查(　　)。
A. 丝状菌是否大量繁殖　B. 进水有机物是否多　C. 进水温度是否高　D. 进水 pH 是否较低
答案：ACD

11. 若曝气池出现污泥膨胀，可采取的措施有(　　)。
A. 加大排泥量　　B. 加大曝气量　　C. 加大排渣量　　D. 分段进水
答案：ABD

12. 消除曝气池的泡沫，运行中经常采取的措施有(　　)。
A. 分段注水以提高混合液浓度　　B. 进水喷水
C. 投加少量煤油　　D. 用风炮机械消泡
答案：ABCD

13. 关于污泥膨胀控制措施表述，以下正确的有(　　)。
A. 若 pH 过低，可投加石灰等调节
B. 夏季需氧量较大，可以适当降低污泥浓度
C. 若为丝状菌膨胀，可投加漂白粉抑制丝状菌的生长和繁殖
D. 若污泥大量流失，可投加 5~10mg/L 的氯化铁，帮助絮凝，刺激菌胶团生长
答案：ABCD

14. 鼓风机检修中，在对半地下设备进行检查时，应(　　)。
A. 可直接进入　　B. 进行气体检测　　C. 保证充足的照明　　D. 无须带耳罩
答案：BC

15. 由于吸泥机在没有护栏的池组上，工作时需要(　　)。

A. 穿救生衣　　　　　　B. 防滑鞋　　　　　　C. 系安全带　　　　　　D. 无人监护
答案：ABC

16. 反冲洗水泵的传动轴必须用(　　)的润滑脂来润滑(如二硫化钼润滑脂)。
A. 抗氧化　　　　　　　B. 耐低温　　　　　　C. 耐高温　　　　　　　D. 耐重载
答案：ACD

17. 机械格栅的电动机不能启动的原因有(　　)。
A. 机械锁死　　　　　　B. 供电线路断路　　　C. 相间不均衡　　　　　D. 通风问题
答案：ABC

18. 回流泵无法开启的可能原因有(　　)。
A. 主电路没有电压　　　B. 控制线路故障　　　C. 过载保护没有复位　　D. 叶轮堵塞
答案：ABCD

19. 虹吸工作不正常的原因有(　　)。
A. 电气元件故障　　　　B. 真空泵故障　　　　C. 管路漏气　　　　　　D. PLC 故障
答案：ABC

20. 反冲洗水泵泵电机发热的可能原因有(　　)。
A. 流量过大，超载运行　B. 碰擦　　　　　　　C. 电机轴承损坏　　　　D. 电压不足
答案：ABCD

21. 反冲洗水泵漏水的可能原因有(　　)。
A. 机械密封磨损　　　　　　　　　　　　　　B. 卧式离心泵体有砂孔或破裂
C. 密封面不平整　　　　　　　　　　　　　　D. 安装螺栓松懈
答案：ABCD

22. 单个池组泄空，应先关闭该组曝气池的(　　)，打开曝气池泄空阀门。
A. 进水闸　　　　　　　　　　　　　　　　　B. 回流污泥闸
C. 厌氧段和缺氧段搅拌器　　　　　　　　　　D. 曝气阀
答案：ABC

23. 除砂机启动前要先确定工作状态，手动、自动方式，并将整机检查无误后再开车，应检查的部件包括(　　)。
A. 指示灯　　　　　　　B. 电机减速器　　　　C. 电缆卷线装置　　　　D. 吸砂管
答案：ABCD

24. 整体系列进水时，应检查(　　)等位置是否有异物，全部清理干净后方可进水。
A. 曝气池池底　　　　　B. 进水渠道　　　　　C. 出水渠道　　　　　　D. 巴式计量槽
答案：ABCD

25. 下列关于曝气池进水检查要求的说法，正确的是(　　)。
A. 检查曝气池池底、泥斗内是否有异物
B. 检查各池组泄空阀门是否关闭，全部关闭后方可进水
C. 如停水是为了对曝气池内曝气头及布气管进行维修、维护，应将曝气系统关闭
D. 打开曝气池进水阀门开始进水，至曝气池总量2/3处后打开曝气池回流污泥阀门向曝气池注入回流污泥
答案：ABD

26. 下列关于曝气池停水检查要求的说法，正确的是(　　)。
A. 关闭曝气池进水闸和回流污泥闸
B. 单个池组因运行工艺停水备用需要泄空
C. 单个池组泄空，应先关闭该组曝气池进水闸，回流污泥闸，关闭厌氧段、缺氧段搅拌器，打开曝气池泄空阀门
D. 需随水位降低逐渐降低曝气量，待水位降至曝气头上方时，调低至曝气头最小供气量
答案：ACD

27. 污泥回流比调节依据包括(　　)。

A. 依据沉降比调节污泥回流比　　　　　　B. 依据污泥沉降曲线调节回流比
C. 依据二沉池泥位调节回流比　　　　　　D. 依据回流污泥及混合液污泥浓度调节回流比
答案：ABCD

28. 离心泵启动前要注意的事项有（　　）。
A. 液位启停的设置严禁在吸入口以下　　　B. 自吸泵严禁无水空转
C. 每天检查泵的输送压力是否正常并进行记录　　D. 启动前必须检查进出口阀门是否打开
答案：ABD

29. 对于超滤膜系统，下面描述正确的是（　　）。
A. 启动前预处理设备应正常运转，出水水质达到膜系统进水要求
B. 首次启动，应将膜组件内的保护液冲洗干净
C. 应逐步增加进水量达到设定值
D. 宜每2年对膜进行性能评价
答案：ABC

三、简答题

1. 鼓风机运行的记录包括哪些内容（至少写4点）？
答：（1）认真填写值班日期、星期、天气和值班人员。
(2) 鼓风机运行记录中按时间记录鼓风机各项参数，如：压力、电流、温度、流量等。
(3) 鼓风机控制方式填写：远程、就地。
(4) 鼓风机运行状态根据实际情况填写：正常、调试。
(5) 计算填写鼓风机当日累计运行时间、电表字数、用电量。
(6) 值班记录：记录值班期间对鼓风机运行调整说明，包括机组开停时间、调整原因等。

2. 超滤膜运行的记录包括哪些内容（至少写3点）？
答：（1）认真填写值班日期、星期、天气和值班人员。
(2) 按记录要求进行运行数据、设备状态进行记录。
(3) 要进行一天水量、电量、反洗水量、溢流水量、药剂使用量、送药量等数据的统计填写。
(4) 值班记录：记录值班期间对超滤膜设备、设施进行的运行调整说明。

3. 测定SV值时容易出现哪些异常现象？试解释其原因。
答：（1）污泥沉淀30min后呈层状上浮，多发生在夏季。原因：活性污泥在二沉池中发生反硝化作用，被还原为气态氮，气态氮附着在活性污泥絮体上并携带污泥上浮。
(2) 在上清液中含有大量悬浮状态的微小絮体，且上清液透明度下降。原因：污泥解体，污泥解体是因为曝气过度、负荷太低导致活性污泥自身氧化过度、有毒物质进入等。
(3) 上清液浑浊，泥水界面分界不明显。原因：流入高浓度的有机废水、微生物处于对数增长期，使形成的絮体沉降性能下降、污泥分散。
(4) 沉降比过高。原因：生物池由于过量排泥导致污泥浓度过低；由于生物池无机物含量过高（有机物含量过低），须及时检查进水情况。

4. 污泥解体的原因是什么？有哪些控制方法？
答：原因：（1）过氧化，充氧量过大，负荷低，污泥氧化超过合成，一部分被氧化成灰分使活性污泥生物—营养的平衡遭到破坏，致使微生物量减少而失去活性，吸附能力降低，絮凝体变小质密、SVI降低。
(2) 由于污水中混入了有毒物质，微生物受到抑制或伤害，净化能力下降或完全停止，造成污泥活性差或丧失。
控制方法：曝气过量时，应对污水量、回流污泥量、空气量和排泥状态加以调整，但要根据SV、MLSS、DO等多项指标决定调节量，如果污泥解体是水质问题，应该考虑这时工业污水混入的结果，查明来源，按国家排放标准，责成其加以局部处理。

5. 简述二沉池出水 NH_3-N 和 COD_{Cr} 突然升高的控制措施。
答：（1）因进入曝气池的污水量突然加大，有机负荷突然升高或有毒有害物质突然升高等，引起二沉池出

水 NH_3-N 和 COD_{Cr} 突然升高时，应加强污水水质监测和发挥污水调节池的作用减少进水量，使进水尽可能均衡。

(2) 由于曝气池管理不善，如曝气池充氧量不足、外回流比低等，引起二沉池出水 NH_3-N 和 COD_{Cr} 突然升高时，应加强对曝气池的管理，及时调整各种运行参数。

(3) 二沉池管理不善，如浮渣清理不及时、刮泥机运转不正常等，引起二沉池出水 NH_3-N 和 COD_{Cr} 突然升高时，应加强对二沉池的管理，及时巡检，发现问题立即整改。

6. 简述二次沉淀池工艺控制要点。

答：(1) 二沉池泥位测量，每周至少两次，确保泥位低于 1.5m。

(2) 每天现场巡视二沉池吸泥机，观察吸泥机是否正常运行，吸泥管是否堵塞，出泥是否通畅等现象。

(3) 二沉池出水侧转刷是否有脱落或者故障现象，现场巡视发现后及时处理，以免影响后续工艺。

(4) 若出水堰或出水集水槽内藻类附着太多，操作运行人员及时清除藻类。

(5) 水量调平，通过调整二沉池进水闸门，使各二沉池进水量均衡，避免造成个别池组水量太大，引起二沉池跑泥现象。

(6) 发现二沉池出水中 SS 增加，活性污泥膨胀使污泥沉降性能变差，泥水界面接近水面，部分污泥碎片经出水堰溢出。应通过分析污泥膨胀的原因，逐一排除。

(7) 调节二沉池排泥阀，观察排泥情况是否通畅，如堵塞及时疏通。通过泥位测量结果及时调整运行。

(8) 应经常检查与调整出水堰板的平整度，保持堰板平整，防止短流。应保持堰板与池壁之间密合，不漏水，及时排除浮渣并经常用水冲洗浮渣斗。挂在堰板上的浮渣也应及时人工清除，出水槽上的生物膜应及时清除，没有除磷功能的处理厂，在阳光充足的季节生物膜生长会异常旺盛，可参考国外部分处理厂在出水渠上部设遮阳棚，防止生物膜繁殖。

四、实操题

1. 简述对初沉池进行巡检与维护的方法。

答：(1) 如果出现出水三角堰板是否有堰口被浮渣堵死现象，应及时清除。三角堰板每个出水口流量是否均匀，如不均匀，应及时通过调节装置调整堰板的水平度，保证出流均匀。观察各池上的溢流量是否相同，如有差别，可调节初沉池的进水闸门，使进入每个池的流量分配均匀。如有个别池组运行状态有差别，可根据不同池组的运行状态和出水水质进行差异化调整。

(2) 巡视初沉池池面有无大量浮泥，特别是夏季，如发现池面有大量浮泥且有大量气泡产生，说明污泥腐败严重，应及时排泥。

(3) 经常巡视初沉池进水、出水水质，若出水水质变黑或恶化，应及时调整，防止影响后续工艺。

(4) 经常从排泥管上取样口取样观察污泥的颜色。当颜色变黑或者黑色，说明污泥已腐败，应加速排泥。

(5) 应勤听设备是否有异响，是否有部件松动，如有则及时处理，以免影响正常运行。

(6) 当格栅或者沉砂池运行不正常时，应注意砂在初沉池内的沉积，采取措施防止砂或渣堵塞泵管。

(7) 当离心机、热水解、厌氧氨氧化工艺运行不正常时，泥区回流液的含固量增加，应相应增加初沉池的排泥量。

(8) 发现初沉池排泥中颜色或者气味异常时，注意检查是否进水含有有毒物质，如有应将污泥进入热水解后跨越硝化直接进行脱水，以免发生微生物中毒。

(9) 初沉池 SS 去除率下降时，二级处理的负荷会增加，应注意增大回流或者增加曝气量。

(10) 当初沉池泄空时，大量易腐败污泥进入提升泵房集水池，会产生硫化氢等有毒有害气体，泵房应适当增加抽升量，将排空水抽升走。

(11) 如现场发现初沉池个别池组运行状态不佳，或者各个池组运行状态差距较大，可适当调整初沉池进水负荷，以免发生跑泥现象。

2. 简述二沉池出现黑色块状污泥的处理方法。

答：(1) 检查曝气池出水 DO 浓度低，加大曝气池末端供风量。

(2) 若曝气池 MLSS 高，加大剩余污泥排放量。

(3) 若二沉池污泥停留时间长，提高污泥回流量。

(4)检查析刮泥机运行情况,消除刮泥死角。
(5)疏通维修虹吸管、集泥槽、污泥回流泵。
(6)消除二沉池池面、出水槽内壁及局部死角的腐泥。

3. 简述砂水分离器启动检查的方法。

答:(1)启动后检查砂水分离器是否有异响。
(2)启动后检查砂水分离器吸液、排液管是否畅通。
(3)启动后观察出砂情况是否正常。
(4)启动后观察进水是否通畅。
(5)检查螺旋是否运转正常。

4. 简述活性污泥解体的处理方法。

答:(1)若曝气池进水有机物浓度过高或含有毒物质,减少曝气池进水量。
(2)将其余高浓度有机物或含有毒物质污水切入备用调节罐暂存。
(3)利用低浓度污水配水稀释高浓度有机物进水。
(4)若曝气池进水有机负荷偏低,适当提高进水量或配水提高进水有机物浓度。
(5)根据处理负荷调节曝气池曝气量。
(6)检查微生物营养比是否均衡,调节曝气池氮、磷盐投加量,提高污泥活性。
(7)污泥解体严重时,直接向曝气池引入活性污泥驯化或投加生物增效剂。

5. 简述刮泥机行走减速箱润滑油加注或更换步骤。

答:(1)工作前通知运行班。
(2)将桥车停放在北侧出渣槽位置,将急停按钮拍下,切断电源开关。
(3)将放油孔打开使废油流进放在下面的空油桶中。待废油放尽后,把放油孔油堵拧紧(如加注则省掉此步骤)。
(4)加油前将新油通过滤网与漏斗加注加油器内。当加进的润滑油从上限口中流出停止加油。操作人员拧紧螺栓,将设备油污擦干净。
(5)工作结束后恢复设备的工艺运转、并通知运行班。

6. 简述鼓风机开机前的准备工作。

答:(1)检查进风通道粗滤网有无异物,是否清洁。
(2)检查鼓风机滤袋有无脱落,是否清洁。拆下鼓风机侧边框架。
(3)检查鼓风机油位是否正常,油位不得低于285mm。
(4)将相应的6kV配电柜上电。
(5)合上相应的就地开关柜。
(6)将出口阀打开。
(7)观察控制柜有无报警显示。
(8)进入模拟测试状态(按3s就地控制按钮,提示灯开始来回闪烁),模拟控制油泵、放空阀、进出口导叶,检查其开启、关闭是否正常,是否到位,并检查相应液压导杆与就地盘显示状态是否一致。

第五章

高级技师

第一节 安全知识

一、单选题

1. 依据《职业病防治法》,建设项目在( )前,建设单位应当进行职业病危害控制效果评价。
A. 可行性论证　　　B. 设计规划　　　C. 建设施工　　　D. 竣工验收
答案:D

2. 下列关于硫化氢描述错误的是( )。
A. 硫化氢不仅是一种窒息性毒物,对黏膜还有明显的刺激作用,这两种毒作用与硫化氢的浓度无关
B. 硫化氢溶于乙醇、汽油、煤油、原油中,溶于水后生成氢硫酸
C. 硫化氢能使银、铜及其他金属制品表面腐蚀发黑
D. 硫化氢能与许多金属离子作用,生成不溶于水或酸的硫化物沉淀
答案:A

3. 当甲烷的体积浓度达到( )时,人出现窒息样感觉,若不及时逃离接触,可致窒息死亡。
A. 20%~23%　　　B. 20%~22%　　　C. 23%~25%　　　D. 25%~30%
答案:D

4. 下列语句描述错误的是( )。
A. 有限空间发生爆炸、火灾,往往瞬间或很快耗尽有限空间的氧气,并产生大量有毒有害气体,造成严重后果
B. 甲烷相对空气密度约0.55,无须与空气混合就能形成爆炸性气体
C. 一氧化碳与血红蛋白的亲合力比氧与血红蛋白的亲合力高200~300倍
D. 一氧化碳极易与血红蛋白结合,形成碳氧血红蛋白,使血红蛋白丧失携氧的能力和作用,造成组织窒息
答案:B

5. 污水处理行业有限空间常见的操作包括( )。
A. 打开污水管线检查井盖进行液位查看或手工取样
B. 打开雨水管线检查井盖进行液位查看
C. 打开热力或电气管线检查井盖进行设备查看
D. 以上全部
答案:D

6. 下列有限空间作业的术语概念描述错误的是( )。
A. 立即威胁生命或健康的浓度(IDLH),在此条件下对生命立即或延迟产生威胁,或能导致永久性健康损害,或影响准入者在无助情况下从密闭空间逃生
B. 有害环境,在职业活动中可能引起死亡、失去知觉、丧失逃生及自救能力、伤害或引起急性中毒的环境

C. 准入者，批准进入密闭空间作业的劳动者，包括作业人员、监护人员、检测人员、作业负责人

D. 监护者，在密闭空间外进行监护或监督的劳动者

答案：C

7. 爆炸物质是一种固态或液态物质（或物质的混合物），其本身能够通过化学反应产生气体，而产生气体的（　　）、压力和速度能对周围环境造成破坏。

  A. 物质   B. 气流   C. 产物   D. 温度

  答案：D

8. 发火物质是一种物质或物质的混合物，它旨在通过非爆炸自持放热（　　）产生的热、光、声、气体、烟或所有这些的组合来产生效应。

  A. 物理反应   B. 化学反应   C. 生物反应   D. 中和反应

  答案：B

9. （　　）是指闪点不高于93℃的液体。

  A. 发火物质   B. 自燃液体   C. 自燃固体   D. 易燃液体

  答案：D

10. （　　）是指高压气体在压力等于或大于200kPa（表压）下装入贮器的气体，或是液化气体或冷冻液化气体。

  A. 不燃气体   B. 压力下气体   C. 助燃气体   D. 易燃气体

  答案：B

11. （　　）或混合物是即使没有氧（空气）也容易发生激烈放热分解的热不稳定液态或固态物质或者混合物。

  A. 发火物质   B. 自反应物质   C. 自燃固体   D. 易燃固体

  答案：B

12. （　　）是即使数量小也能在与空气接触后5min之内引燃的固体。

  A. 发火物质   B. 易燃固体   C. 自燃固体   D. 可燃固体

  答案：C

13. 化学品安全技术说明书是一份关于危险化学品（　　）、毒性和环境危害以及安全使用、泄漏应急处置、主要理化参数、法律法规等方面信息的综合性文件。

  A. 性质   B. 辐射   C. 灼伤   D. 燃爆

  答案：D

14. 化学品安全技术说明书是一份关于危险化学品燃爆、（　　）和环境危害以及安全使用、泄漏应急处置、主要理化参数、法律法规等方面信息的综合性文件。

  A. 性质   B. 辐射   C. 灼伤   D. 毒性

  答案：D

15. 化学品安全技术说明书是一份关于危险化学品燃爆、毒性和环境危害以及（　　）、泄漏应急处置、主要理化参数、法律法规等方面信息的综合性文件。

  A. 安全使用   B. 辐射   C. 灼伤   D. 性质

  答案：A

16. 化学品安全技术说明书是一份关于危险化学品燃爆、毒性和环境危害以及安全使用、（　　）、主要理化参数、法律法规等方面信息的综合性文件。

  A. 辐射   B. 泄漏应急处置   C. 灼伤   D. 性质

  答案：B

17. 化学品安全技术说明书国际上称作化学品安全信息卡，简称（　　）或CSDS。

  A. MDDS   B. MSSD   C. MDSS   D. MSDS

  答案：D

18. 关于危险化学品安全技术说明书的主要作用以下不正确的是（　　）。

  A. 是化学品安全生产、安全流通、安全使用的指导性文件

  B. 是应急作业人员进行应急作业时的技术指南

  C. 提供该危险化学品制备信息

D. 是企业进行安全教育的重要内容
答案：C

19. 危险化学品安全技术说明书是化学品安全生产、安全流通、安全使用的（　　）文件。
A. 法律性　　　　　　B. 操作性　　　　　　C. 技术性　　　　　　D. 指导性
答案：D

20. （　　）是用文字、图形符号和编码的组合形式，表示化学品所具有的危险性和安全注意事项。
A. 应急文件　　　　　　　　　　B. 化学品安全技术说明书
C. 安全标签　　　　　　　　　　D. 安全标识
答案：C

21. 《化学品安全标签编写规定》中规定，安全标签是用文字、图形符号和编码的组合形式，表示化学品所具有的危险性和（　　）。
A. 安全注意事项　　B. 操作规程　　　　C. 应急处置　　　　D. 制备原理
答案：A

22. 甲醇操作间所有设备均为（　　）。
A. 防爆设备　　　　B. 防水设备　　　　C. 特种设备　　　　D. 压力容器
答案：A

23. （　　）是指监控、防止可燃物质外溢泄漏，采取惰性气体保护，加强通风置换。
A. 防止可燃可爆混合物的形成　　　　B. 控制工艺参数
C. 消除点火源　　　　　　　　　　　D. 限制火灾爆炸蔓延扩散
答案：A

24. （　　）是指将温度、压力、流量、物料配比等工艺参数严格控制在安全限度范围内，防止超压、超温、物质泄漏。
A. 防止可燃可爆混合物的形成　　　　B. 控制工艺参数
C. 消除点火源　　　　　　　　　　　D. 限制火灾爆炸蔓延扩散
答案：B

25. （　　）是指远离明火、高温表面、化学反应热、电气设备，避免撞击摩擦、静电火花、光线照射，防止自燃发热。
A. 防止可燃可爆混合物的形成　　　　B. 控制工艺参数
C. 消除点火源　　　　　　　　　　　D. 限制火灾爆炸蔓延扩散
答案：C

26. 以下有可压缩性与膨胀性，可与空气形成爆炸性混合物的是（　　）。
A. 压缩空气　　　　B. 甲烷　　　　　　C. 硫磺　　　　　　D. 钠
答案：B

27. 以下不可燃烧，可能有助燃性的物质是（　　）。
A. 压缩空气　　　　B. 甲烷　　　　　　C. 硫磺　　　　　　D. 钠
答案：A

28. （　　）是指落实《中华人民共和国安全生产法》相关规定，建立安全生产事故隐患排查治理长效机制，强化安全生产主体责任，加强事故隐患监督管理，防止和减少事故，保障职工生命财产安全。
A. 有限空间作业安全管理规定　　　　B. 安全生产考核和奖惩制度
C. 危险作业审批制度　　　　　　　　D. 生产安全事故隐患排查治理制度
答案：D

29. 安全生产法中对安全从业人员的义务描述不正确的是（　　）。
A. 正确佩带和使用劳动防护用品
B. 接受培训，本职工作所需的安全生产知识，提高安全生产技能，增强事故预防和应急处理能力
C. 发现事故隐患或者其他不安全因素时，必须立即自己处理
D. 从业人员在作业过程中，应当遵守本单位的安全生产规章制度和操作规程，服从管理

答案：C

30. 污水处理厂进行坑、竖井、人孔、下水道泵站、格栅间、污泥储存或处理设施、污泥消化池或沼气储气罐、管道等有限空间作业，必须申报有限空间作业审批表，并做到（ ）。
    A. 先检测、再通风、后作业　　　　　　　　B. 先通风、再作业、后检测
    C. 先作业、再检测、后通风　　　　　　　　D. 先通风、再检测、后作业
    答案：D

31. 有限空间作业前，应封闭作业区域，并在出入口周边显著位置设置（ ）。
    A. 操作规程　　　　　　　　　　　　　　　B. 安全标志和警示标识
    C. 应急处置方案　　　　　　　　　　　　　D. 作业指导书
    答案：B

32. 进入有限空间作业必须首先采取通风措施，保持空气流通，（ ）用纯氧进行通风换气。
    A. 必须　　　　B. 严禁　　　　C. 应该　　　　D. 视情况可以
    答案：B

33. 对于不同密度的气体应采取不同的通风方式。有毒有害气体密度比空气轻的（如甲烷、一氧化碳）通风时应选择（ ）。
    A. 底部　　　　B. 中上部　　　C. 中部　　　　D. 中下部
    答案：B

34. 有限空间作业时所用的一切电气设备，必须符合有关用电安全技术规程的要求。照明和手持电动工具应使用（ ）。
    A. 220V 电压　　B. 110V 电压　　C. 安全电压　　D. 蓄电池
    答案：C

35. 作业现场（ ）设置监护人员，配备应急装备。
    A. 严禁　　　　B. 可以　　　　C. 必须　　　　D. 视情况而定是否
    答案：C

36. 有限空间作业必须配备个人防中毒、窒息等防护装备，设置安全警示标识，严禁无防护监护措施作业。现场要备足救生用的安全带、防毒面具、空气呼吸器等防护救生器材，并确保器材处于有效状态。以下不属于安全防护装备的是（ ）。
    A. 照明设备　　B. 通风设备　　C. 通讯设备　　D. 太阳镜
    答案：D

37. 导线要收拾好，（ ）在地面上拖来拖去。
    A. 不得　　　　B. 可以　　　　C. 必须　　　　D. 视情况而定是否
    答案：A

38. 回流泵、剩余泵等电气设备正常运行中自动停车后，应保持操作控制柜处于原状态，并立即报告有关部门检查，在未查明故障原因前，（ ）再次启动。
    A. 禁止　　　　B. 可以　　　　C. 必须　　　　D. 视情况而定是否
    答案：A

39. 所有的用电设备配相应的电线、电路和开关，要求（ ），所连用电设备禁止超负荷运行。
    A. 一机一闸一线路　　　　　　　　　　　　B. 一机一闸一保护
    C. 一机两闸一保护　　　　　　　　　　　　D. 一机一闸
    答案：B

40. （ ）是指事故灾难预警期或事故灾难发生后，为最大限度地降低事故灾难的影响，有关组织或人员采取的应急行动。
    A. 应急准备　　B. 应急响应　　C. 应急预案　　D. 应急救援
    答案：B

41. 综合应急预案是生产经营单位应急预案体系的总纲，主要从总体上阐述事故的应急工作原则，内容不包括（ ）。

A. 生产经营单位的应急组织机构及职责　　B. 生产经营单位的应急预案体系
C. 生产经营单位具体场所的应急处置措施　　D. 生产经营单位的预警及信息报告
答案：C

42. 现场处置方案是生产经营单位根据不同事故类型，针对具体的场所、装置或设施所制定的应急处置措施，内容不包括（　　）。
A. 事故风险分析　　B. 生产经营单位的应急组织机构及职责
C. 应急工作职责　　D. 应急处置和注意事项
答案：B

43. 一个完善的应急预案按相应的过程可分为6个一级关键要素，以下不属于上述要素的是（　　）。
A. 应急资源收集　　B. 应急响应　　C. 应急策划　　D. 应急准备
答案：A

44. 应急准备是根据应急策划的结果，主要针对可能发生的应急事件，做好各项准备工作，应急准备不包括（　　）。
A. 组织机构与职责　　B. 应急队伍的建设
C. 应急装备的配置　　D. 事态监测与评估
答案：D

45. 应急响应是在事故险情、事故发生状态下，在对事故情况进行分析评估的基础上，有关组织或人员按照应急救援预案所采取的应急救援行动。以下属于应急响应的主要任务的是（　　）。
A. 组织机构与职责　　B. 应急队伍的建设
C. 应急人员的培训　　D. 应急人员安全
答案：D

46. 应急响应是在事故险情、事故发生状态下，在对事故情况进行分析评估的基础上，有关组织或人员按照应急救援预案所采取的应急救援行动。以下不属于应急响应主要任务的是（　　）。
A. 信息网络的建立　　B. 事态监测与评估　　C. 通讯　　D. 公共关系
答案：A

47. 一旦发生突发安全事故，发现人应在第一时间向直接领导进行上报，视实际情况进行处理，并视现场情况拨打社会救援电话，以下不属于社会救援电话的是（　　）。
A. 110　　B. 120　　C. 114　　D. 119
答案：C

48. （　　）是指当伤口很深，流血过多时，应该立即止血。如果条件不足，一般用手直接按压可以快速止血。通常会在1~2min之内止血。如果条件允许，可以在伤口处放一块干净、吸水的毛巾，然后用手压紧。
A. 立刻止血　　B. 清洗伤口　　C. 给伤口消毒　　D. 快速包扎
答案：A

49. 以下关于在事故发生后救援的描述不正确的是（　　）。
A. 紧急呼救　　B. 先救命后治伤，先轻伤后重伤后
C. 先抢后救、抢中有救，尽快脱离事故现场　　D. 医护人员以救为主，其他人员以抢为主
答案：B

二、多选题

1. 对于有限空间内可能存在的危险气体环境，应采取消除有限空间内的危险源的措施有（　　）。
A. 专项培训　　B. 装备配备　　C. 作业审批
D. 发包免责　　E. 现场管理
答案：ABCE

2. 在实施有限空间作业前，应当将（　　）告知作业人员。
A. 救援设备的使用方法　　B. 有限空间作业方案
C. 作业现场可能存在的危险有害因素　　D. 防控措施　　E. 作业任务

答案：BCD

3. 有限空间作业中发生事故后，以下应急处置描述正确的是(　　)。
   A. 现场有关人员应当立即报警
   B. 现场有关人员报警后立刻进行施救
   C. 施救过程中应当做好自身防护，佩戴必要的呼吸器具、救援器材
   D. 施救应一人进行，以免扩大伤亡
   E. 现场人员立即进行救援处置
   答案：ABC

4. 《危险化学品安全管理条例》第十四条明确规定：生产危险化学品的，应当在危险化学品的包装内附有与危险化学品完全一致的(　　)，并在包装上加贴或者拴挂与包装内危险化学品完全一致的(　　)。
   A. 化学品安全技术说明书　　　　　　　B. 化学品技术安全说明书
   C. 化学品标签　　　　　　　　　　　　D. 化学安全标签
   答案：AD

5. 安全从业人员的职责包括(　　)。
   A. 不断提高安全意识，丰富安全生产知识，增加自我防范能力
   B. 积极参加安全学习及安全培训，掌握本职工作所需的安全生产知识，提高安全生产技能，增加事故预防和应急处理能力
   C. 爱护和正确使用机械设备，工具及个人防护用品
   D. 自觉遵守安全生产规章制度，不违章作业，并随时制止他人的违章作业
   答案：ABCD

6. 安全生产法中对安全从业人员的义务进行了明确规定，其内容包括(　　)。
   A. 从业人员在作业过程中，应当遵守本单位的安全生产规章制度和操作规程，服从管理
   B. 正确佩戴和使用劳动防护用品
   C. 接受培训，本职工作所需的安全生产知识，提高安全生产技能，增强事故预防和应急处理能力
   D. 发现事故隐患或者其他不安全因素时，应当立即向现场安全生产管理人员或者本单位负责人报告
   答案：ABCD

7. 有限空间作业前应做好辨识，具体是指(　　)。
   A. 是否存在可燃气体、液体或可燃固体的粉尘，而造成火灾爆炸；是否存在有毒、有害气体，而造成人员中毒
   B. 是否存在固体坍塌，而引起人员的掩埋或窒息危险；是否存在触电、机械伤害等危险
   C. 是否存在缺氧，而造成人员窒息；是否存在液体水平位置的升高，而造成人员淹溺
   D. 查清管径、井深、水深、上下游是否存在其他危害
   答案：ABCD

8. 在确定有限空间范围后，首先打开有限空间的门、窗、通风口、出入口、人孔、盖板等进行(　　)。处于低洼处或密闭环境的有限空间，仅靠自然通风很难置换掉有毒有害气体，还必须进行(　　)以迅速排除限定范围有限空间内的有毒有害气体。
   A. 自然通风　　　　B. 强制通风　　　　C. 检验检测　　　　D. 劳动防护用品穿戴
   答案：AB

9. 作业过程中应加强通风换气，在(　　)的浓度可能发生变化时应保持必要的检测次数和连续检测。
   A. 有害气体　　　　B. 可燃性气体　　　　C. 粉尘　　　　D. 氧气
   答案：ABCD

10. 采用悬架或沿墙架设时，(　　)，确保电线下的行人、行车、用电设备安全。
    A. 房内不得低于2m　　　　　　　　　B. 房内不得低于2.5m
    C. 房外不得低于4m　　　　　　　　　D. 房外不得低于4.5m
    答案：BD

11. 关于临时用电，以下描述正确的是(　　)。

A. 移动式临时线必须采用有保护芯线的橡胶套绝缘软线，长度一般不超过 12m
B. 单相用四芯，三相用三芯
C. 临时线装置必须有一个漏电开关，并且均需安装熔断器
D. 电缆或电线的绝缘层破损处要用电工胶布包好，不能用其他胶布代替，更不能直接使用
答案：CD

12. 针对临时用电，必须注意的事项有(　　)。
A. 一定要按临时用电要求安装线路，严禁私接乱拉，先把设备端的线接好后才能接电源，还应按规定时间拆除
B. 临时线路不得有裸露线，电气和电源相接处应设开关、插座，露天的开关应装在箱匣内保持牢固，防止漏电，临时线路必须保证绝缘性良好，使用负荷正确
C. 采用悬架或沿墙架设时，房内不得低于 2m，房外不得低于 4.5m，确保电线下的行人、行车、用电设备安全
D. 严禁在易燃、易爆、刺割、腐蚀、碾压等场地铺设临时线路，临时线一般不得任意拖地，若一定要在地上拖放，必须用防护管防护
答案：ABD

13. 为了迅速、有效地应对可能发生的事故灾难，控制或降低其可能造成的后果和影响，应进行一系列有计划、有组织的管理，包括(　　)阶段。
A. 预防　　　　B. 准备　　　　C. 响应　　　　D. 恢复
答案：ABCD

14. 专项应急预案包括(　　)。
A. 事故风险分析
B. 应急预案体系
C. 应急指挥机构及职责
D. 处置程序和措施
答案：ACD

15. 应急预案是针对各级可能发生的事故和所有危险源制定的应急方案，必须考虑(　　)的各个过程中相关部门和有关人员的职责，物资与装备的储备或配置等各方面需要。
A. 事前　　　　B. 事发　　　　C. 事中　　　　D. 事后
答案：ABCD

16. 关于应急救援的方针与原则描述正确的有(　　)。
A. 反映应急救援工作的优先方向
B. 反映应急救援工作的政策、范围和总体目标
C. 满足应急预案的针对性、科学性、实用性与可操作性要求
D. 体现预防为主、常备不懈、统一指挥、高效协调以及持续改进的思想
答案：ABD

17. 关于应急策划描述正确的有(　　)。
A. 依法编制应急预案
B. 反映应急救援工作的优先方向
C. 对预案的制定、修改、更新、批准和发布做出管理规定
D. 满足应急预案的针对性、科学性、实用性与可操作性的要求
答案：AD

18. 关于对预案管理与评审改进描述正确的是(　　)。
A. 对预案的制定、修改、更新、批准和发布做出管理规定
B. 保证定期或应急演习
C. 应急救援后对应急预案进行评审
D. 针对实际情况的变化以及预案中所暴露出的缺陷，不断地更新、完善和改进应急预案文件体系
答案：ABCD

19. 应急响应主要任务包括(　　)。

A. 医疗与卫生　　　　B. 人群疏散与安置　　　C. 通讯　　　　　　D. 泄漏物控制
答案：ABCD

20. 应急准备主要任务包括（　　）。
A. 应急物资的储备　　　　　　　　　B. 应急预案的演练
C. 信息网络的建立　　　　　　　　　D. 公众知识的培训
答案：ABCD

三、简答题

1. 简述有限空间作业的现场要求。
答：（1）空气监测；（2）通风或置换；（3）保持有限空间出入口畅通；（4）设置明显的安全警示标志和警示说明；（5）作业前清点作业人员和工器具；（6）作业人员与外部有可靠的通讯联络；（7）有限空间作业现场应明确监护人员和作业人员；（8）存在交叉作业时，采取避免互相伤害的措施；（9）有限空间作业结束后，作业现场负责人、监护人员应当对作业现场进行清理，撤离作业人员。

四、实操题

1. 进入有限空间作业前，如何进行气体评估检测？
答：选用气体检测报警仪，检查并开机。（1）检查中注意气体检测报警仪外观完好，仪器在有效期内；（2）在空气洁净的环境中开机，检查仪器电亮充足，仪器自检调零正常。

第二节　理论知识

一、单选题

1. 正常情况下，污水中大多含有对 pH 具有一定缓冲能力的物质，下列不属于缓冲溶液组成的物质是（　　）。
A. 强电解质　　　　B. 弱碱和弱碱盐　　　C. 多元酸的酸式盐　　　D. 弱酸和弱酸盐
答案：C

2. 用高锰酸钾作氧化剂，测得的耗氧量简称为（　　）。
A. OC　　　　　　B. COD　　　　　　C. SS　　　　　　D. DO
答案：A

3. 新陈代谢包括（　　）作用。
A. 同化　　　　　　B. 异化　　　　　　C. 呼吸　　　　　　D. 同化和异化
答案：D

4. 在污水处理中，当以固着型纤毛虫和轮虫为主时，表明（　　）。
A. 出水水质差　　　B. 污泥还未成熟　　　C. 出水水质好　　　D. 污泥培养处于中期
答案：C

5. 厌氧系统中最常见的有害微生物是（　　）。
A. 大肠杆菌　　　　B. 硫还原菌　　　　C. 丝状菌　　　　D. 霉菌
答案：B

6. 细菌的细胞物质主要是由（　　）组成，而且形式很小，所以带电荷。
A. 蛋白质　　　　　B. 脂肪　　　　　C. 碳水化合物　　　D. 纤维素
答案：A

7. 游离氨是温度和 pH 函数，随着两者的增加而（　　）。
A. 降低　　　　　　B. 升高　　　　　C. 不变　　　　　D. 先降低后升高
答案：B

8. 厌氧氨氧化菌在脱氮过程中污泥产量仅为传统硝化反硝化污泥产量的( )左右,大大节省后续污泥处置费用。
   A. 5%　　　　　　　B. 10%　　　　　　　C. 20%　　　　　　　D. 30%
   答案:B

9. 好氧颗粒污泥工艺较传统工艺可节省能耗( )以上。
   A. 5%　　　　　　　B. 10%　　　　　　　C. 20%　　　　　　　D. 30%
   答案:C

10. 关于曝气生物滤池的描述正确的是( )。
    A. 曝气生物滤池后不设二次沉淀池
    B. 曝气生物滤池不宜分别设置反冲洗供气和曝气充氧系统
    C. 曝气生物滤池进水悬浮固体浓度不宜小于600mg/L
    D. 曝气生物滤池的池型必须采用下向流进水方式
    答案:A

11. 关于生物滤池的说法错误的是( )。
    A. 生物滤池一般靠自然通风供氧
    B. 生物滤池一般采用风机供氧
    C. 生物滤池的组成主要包括滤床、布水设备、排水设备
    D. 生物滤池污水回流比可大于1.0
    答案:B

12. 滤料是厌氧生物滤池的主体部分,滤料不具备的条件有( )。
    A. 比表面积大　　　B. 孔隙率低　　　C. 表面粗糙　　　D. 机械强度高
    答案:B

13. 下列可以省去反冲洗罐和水泵的滤池是( )。
    A. 重力式滤池　　　B. 压力式滤池　　　C. 快滤池　　　D. 虹吸滤池
    答案:B

14. 北京市《城镇污水处理厂水污染物排放标准》(DB 11/890—2012)一级A标准规定新(改、扩)建城镇污水处理厂总磷指标浓度值不得高于( )。
    A. 0.4mg/L　　　　B. 0.3mg/L　　　　C. 0.2mg/L　　　　D. 0.1mg/L
    答案:C

15. 以下说法正确的是( )。
    A. 色度是由水中的不溶解物质所引起的
    B. 浊度是由水中溶解物质引起的
    C. 一般说来,水中的不溶解物质越多,浊度越高,但两者之间并没有直接的定量关系
    D. 浊度是一种光学效应,它的大小不仅与溶解物质的数量、浓度有关,而且还与这些溶解物质的颗粒大小、形状和折射指数等性质有关
    答案:C

16. 废水中各种有机物的相对组成如没有变化,那COD与BOD_5之间的比例关系为( )。
    A. COD < BOD_5
    B. COD > BOD_5 > 第一阶段BOD_5
    C. COD = BOD_5
    D. COD > 第一阶段BOD_5 > BOD_5
    答案:D

17. 关于气浮法的说法错误的是( )。
    A. 气浮法的作用为固液分离或液液分离
    B. 去除对象为废水中密度小于$1g/cm^3$的悬浮物、油类和脂肪
    C. 亲水性颗粒较疏水性颗粒易去除
    D. 浮选剂一般都具有两亲结构
    答案:C

18. 关于生物法的说法错误的是(   )。
A. 生物法分为好氧生物处理法和厌氧生物处理法
B. 好氧生物处理法是在厌氧状态下将有机物还原成二氧化碳、硝酸盐、水、硫酸根等稳定物质
C. 常见的好氧法有活性污泥法和生物膜法
D. 废水的厌氧生物处理是指在没有游离氧的情况下，微生物进行无氧呼吸，将大分子有机物分解成稳定、简单的小分子有机物的处理方法

答案：B

19. 在国外一般污泥处理或处理费用占整个污泥处理厂运行费用50%~70%，国内也占到(   )左右。
A. 40%   B. 50%   C. 60%   D. 70%

答案：A

20. 关于菌胶团的说法错误的是(   )。
A. 通过观察菌胶团的颜色、透明度、数量、颗粒大小及结构松紧程度等可以判断和衡量活性污泥的性能
B. 一旦菌胶团受到破坏，活性污泥对有机物的去除率将明显下降或丧失
C. 新生菌胶团无色透明、结构紧密、吸附氧化能力强、活性高
D. 老化的菌胶团比新生菌胶团吸附氧化能力强、活性高

答案：D

21. 关于生物反硝化的说法错误的是(   )。
A. 反硝化细菌是一类大量存在于活性污泥中的兼性异养菌如产碱杆菌、假单胞菌、无色杆菌等菌属
B. 在好氧状态下，反硝化菌能进行好氧生物代谢氧化分解有机污染物，去除 BOD_5
C. 在无分子氧但存在硝酸盐的条件下，反硝化细菌能利用 NO_3^- 中的氧
D. 在完全厌氧条件下，反硝化细菌能利用 NO_3^- 中的氧

答案：D

22. (   )的主要作用是去除漂浮物和大颗粒物质。
A. 格栅   B. 沉砂池   C. 调节池   D. 沉淀池

答案：D

23. 取水样的基本要求是水样要(   )。
A. 定数量   B. 定方法   C. 代表性   D. 按比例

答案：C

24. 生物脱氮过程中反硝化控制的 DO 值一般控制在(   )。
A. 1mg/L   B. 2~3mg/L   C. 5~6mg/L   D. 0.5mg/L

答案：D

25. 对氧化沟工艺来说，污泥龄一般控制在(   )。
A. 5d   B. 10d   C. 15d   D. 25d

答案：D

26. AB 工艺还能有效地除磷的总去除率可达 70%。其中 A 段除磷率可达(   )。
A. 40%~50%   B. 30%~40%   C. 50%~60%   D. 60%~70%

答案：A

27. 生产运营中消耗的电力、热力等动力支出属于(   )。
A. 动力费   B. 材料费   C. 制造费用   D. 日常修理费

答案：A

28. 各成本单位发生的物料消耗支出属于(   )。
A. 水质检测费   B. 日常修理费   C. 大修理费   D. 物料消耗费

答案：D

29. 城镇排水主管部门委托的排水监测机构，应当对排水户排放污水的水质和水量进行监测，并建立排水监测档案。排水户应当接受监测，如实提供的资料是(   )。
A. 水量   B. 水质   C. 总量   D. 水质和水量

答案：D

30. 再生水纳入水资源统一配置，县级以上地方人民政府（　　）部门应当依法加强指导。
A. 城镇排水主管　　　B. 水行政主管　　　C. 环保行政主管　　　D. 卫生行政主管
答案：B

31. 沉淀池的形式按照（　　）不同，可分为平流、辐流、竖流三种形式。
A. 池的结构　　　B. 水流方向　　　C. 池的容积　　　D. 水流速度
答案：B

32. 氧化沟运行的特点是（　　）。
A. 运行负荷高　　　　　　　　　　B. 具有反硝化脱氮功能
C. 污泥处理量小　　　　　　　　　D. 污泥产率高
答案：B

33. 下列说法不正确的是（　　）。
A. 可降解的有机物一部分被微生物氧化，一部分被微生物合成细胞
B. BOD是微生物氧化有机物所消耗的氧量与微生物内源呼吸所消耗的氧量之和
C. 可降解的有机物分解过程分为碳化阶段和硝化阶段
D. BOD是碳化所需氧量和硝化所需氧量之和
答案：D

34. 介于活性污泥法和生物膜法之间的是（　　）。
A. 生物滤池　　　B. 生物接触氧化法　　　C. 生物转盘　　　D. 生物流化床
答案：B

35. 下列属于无机污泥的是（　　）。
A. 油泥　　　B. 生物膜　　　C. 化学沉淀泥　　　D. 剩余活性污泥
答案：C

36. 絮体沉降的速度与沉降时间之间的关系是（　　）。
A. 沉降时间与沉降速度成正比　　　　B. 一段时间后，沉降速度一定
C. 沉降速度一定　　　　　　　　　　D. 沉降时间与沉降速度成反比
答案：D

37. 城镇污水除磷脱氮系统的工艺设计计算中，（　　）是最关键的设计参数。
A. 水力停留时间　　　B. 活性污泥产率　　　C. 泥龄　　　D. 污染物容积负荷
答案：C

38. 可以表述同步硝化反硝化中微生物所处的环境状态的参数为（　　）。
A. DO　　　B. pH　　　C. ORP　　　D. MLSS
答案：C

39. 总有机碳的测定前水样要进行酸化曝气，以消除由于（　　）存在所产生的误差。
A. 无机碳　　　B. 有机碳　　　C. 总碳　　　D. 二氧化碳
答案：A

40. 化学沉淀法与混凝沉淀法的本质区别在于：化学沉淀法投加的药剂与水中物质形成（　　）而沉降。
A. 胶体　　　B. 重于水的大颗粒絮体　　　C. 疏水颗粒　　　D. 难溶盐
答案：D

41. 沉淀池按其功能来分，可分为（　　）区。
A. 3个　　　B. 4个　　　C. 5个　　　D. 2个
答案：C

42. 大量的实验结果证明，硝化反应器内混合液的DO值不得小于（　　）。
A. 1mg/L　　　B. 1.5mg/L　　　C. 2mg/L　　　D. 2.5mg/L
答案：C

43. 影响传统除磷脱氮系统中好氧池设计的最重要参数为（　　）。

A. 水力停留时间　　　B. 污泥浓度　　　C. 污泥龄　　　D. 污泥指数
答案：C

44. COD 水质监测分析方法为（　　）。
A. 碱性过硫酸钾法　　　B. 重铬酸钾法　　　C. 钼酸铵法　　　D. 蒸馏与滴定法
答案：B

45. 在好氧生化处理系统中，为维持微生物的营养平衡，在缺少磷元素的废水中通常加（　　），来弥补磷的不足。
A. 红磷　　　B. 白磷　　　C. 磷酸　　　D. 磷盐
答案：B

46. 在微生物酶系统不受变性影响的温度范围内，水温上升就会使微生物活动旺盛，就能（　　）反应速度。
A. 不变　　　B. 降低　　　C. 无关　　　D. 提高
答案：D

47. 初沉池后期、生物膜法二沉池、活性污泥法二沉池初期等均属（　　）。
A. 集团沉淀　　　B. 压缩沉淀　　　C. 絮凝沉淀　　　D. 自由沉淀
答案：C

48. 鼓风曝气的气泡尺寸（　　）时，气液之间的接触面积增大，因而有利于氧的转移。
A. 减小　　　B. 增大　　　C. 2mm　　　D. 4mm
答案：A

49. 污泥泵站一般需要设置储泥池，应为污泥泵连续工作（　　）的抽泥量。
A. 60min　　　B. 45min　　　C. 30min　　　D. 15min
答案：A

50. 溶解氧在水体自净过程中是个重要参数，它可反映水体中（　　）。
A. 耗氧指标　　　B. 溶氧指标
C. 有机物含量　　　D. 耗氧与溶氧的平衡关系
答案：D

51. 用氧气代替空气，通过提高供氧能力，使废水处理效能增强的曝气方式为（　　）。
A. 表面曝气　　　B. 机械曝气　　　C. 鼓风曝气　　　D. 纯氧曝气
答案：D

52. 溶解氧饱和度除受水质的影响外，还随水温而变，水温上升，溶解氧的饱和度就（　　）。
A. 增大　　　B. 下降　　　C. 不变　　　D. 2mg/L
答案：B

53. 罗茨鼓风机转子是（　　）的。
A. 圆形　　　B. 环形　　　C. 腰形　　　D. 椭圆形
答案：C

54. 下列不属于污泥膨胀理论的内容的是（　　）。
A. 低 F/M 比（即低基质浓度）引起的营养缺乏型膨胀
B. 低溶解氧浓度引起的溶解氧缺乏型膨胀
C. 高 H_2S 浓度引起的硫细菌型膨胀
D. 高 pH 引起的丝状菌型膨胀
答案：D

55. 以下属于延时曝气法的选项是（　　）。
A. 浮选池　　　B. 氧化渠　　　C. 吸附再生池　　　D. 表面加速曝气池
答案：B

56. 完全混合法主要特点在于（　　）。
A. 不易发生污泥膨胀　　　B. 污泥负荷率较其他活性污泥法低
C. 产生短流现象少　　　D. 有效均化波动的进水水质，能较好地承受冲击负荷

答案：D

57. 关于生物硝化反应的描述错误的是（　　）。
A. 硝化反应是在好氧状态下，将氨氮转化为硝态氮的过程
B. 硝化反应是由一群自养型好氧微生物完成的
C. 包括两个基本反应步骤，第一阶段是由硝酸菌将氨氮转化为亚硝态氮，称为亚硝化反应；第二阶段则指有硝酸菌将亚硝态氮进一步氧化为硝态氮，称为硝化反应
D. 硝酸菌有硝酸杆菌属、螺旋杆菌属和球菌属等同，亚硝酸菌和硝化菌统称为硝化菌，均是异养型细菌
答案：D

58. 聚丙烯酰胺用于直接饮用水处理时，丙烯酰胺含量需在（　　）以下。
A. 0.08%　　　B. 0.07%　　　C. 0.06%　　　D. 0.05%
答案：D

59. 在污水处理成本核算中，以（　　）为成本计量单位。
A. m^3　　　B. t　　　C. 万 m^3　　　D. 万 t
答案：A

60. 在再生水处理成本核算中，以（　　）为成本计量单位。
A. m^3　　　B. t　　　C. 万 m^3　　　D. 万 t
答案：A

61. 以下化学沉淀法中，需要严格控制污水 pH 在 9~11 范围内的是（　　）。
A. 碳酸盐沉淀法　　　B. 硫化物沉淀法
C. 钡盐沉淀法　　　D. 氢氧化物沉淀法
答案：D

62. 生物吸附法通常的回流比值为（　　）。
A. 25　　　B. 50　　　C. 75　　　D. 50~100
答案：D

二、多选题

1. 以下属于《城镇污水处理厂污染物排放标准》(GB 18918—2002) 中一级 A 排放标准的是（单位：mg/L）（　　）。
A. 化学需氧量 (COD) ≤60　　　B. 生化需氧量 (BOD_5) ≤10
C. 悬浮物 (SS) ≤10　　　D. 总氮（以 N 计）≤20
E. 氨氮（以 N 计）≤5(8)
F. 总磷（以 P 计）（2006 年 1 月 1 日起建设的）≤1
答案：BCE

2. 防止间接接触电击的方法（　　）。
A. 保护接地　　　B. 工作接地　　　C. 重复接地
D. 保护接零　　　E. 速断保护
答案：ABCDE

3. 以下对甲醇在室内或车间内存放，采取强制通风的描述不正确的是（　　）。
A. 防止室内温度过高　　B. 消除氧化剂　　C. 降低甲醇蒸汽浓度　　D. 保持室内负压
答案：ABD

4. 活性污泥中常见原生动物有（　　）。
A. 变形虫　　　B. 太阳虫　　　C. 楯纤虫　　　D. 轮虫
E. 太阳虫　　　F. 线虫　　　G. 累枝虫
答案：ABCEG

5. 以下属于泵的保护方式的有（　　）。
A. 高压报警　　　B. 低液位报警　　　C. 干运转报警　　　D. 温度报警

答案：ABCD

6. PLC 的特点有（　　）。
A. 通用性强、适用广　　　　　　　　B. 使用方便、可靠性高
C. 抗干扰能力强　　　　　　　　　　D. 编程简单
答案：ABCD

7. 水泵的主要性能参数有流量、扬程、（　　）等。
A. 转速　　　　B. 功率　　　　C. 效率度　　　　D. 汽蚀余量
答案：ABCD

8. 三相异步电动机的转子是由（　　）组成的。
A. 转轴　　　　B. 电机　　　　C. 转子铁芯　　　　D. 转子线组
答案：ACD

9. 污水净化方法，从根本上分为转化和分离两大方法，转化法包括（　　）。
A. 混凝　　　　B. 化学沉淀　　　　C. 催化氧化　　　　D. 生物法
答案：BCD

10. 混凝沉淀工艺可设置在（　　）。
A. 生物处理工艺前　　B. 生物池里工艺后　　C. 气浮工艺前　　D. 气浮工艺后
答案：ABC

11. 下列说法正确的是（　　）。
A. 较长的时间对消毒有利
B. 水中杂质越多，消毒效果越差
C. 污水的 pH 较高时，次氯酸根的浓度增加，消毒效果增加
D. 消毒剂与微生物的混合效果越好，杀菌率越高
答案：ABD

12. 为精细化管理、准确计量污水处理厂的污水处理量厂内应安装（　　）装置。
A. 进水计量　　　B. 出水计量　　　C. 跨越计量　　　D. 泄空计量
答案：ABC

13. 一般认为负荷率与活性污泥膨胀有关，生化运行时应防止出现（　　）。
A. 高负荷　　　B. 低负荷　　　C. 冲击负荷　　　D. 相对稳定的负荷
答案：ABC

14. 下列属于活性污泥膨胀表现的是（　　）。
A. 丝状菌大量繁殖　　B. 絮体分散　　C. 污泥呈茶褐色　　D. 污泥黏性高
答案：ABD

15. 城镇污水处理厂污泥处理宜选用的基本组合工艺有（　　）。
A. 浓缩—脱水—处置
B. 浓缩—消化—脱水—处置
C. 浓缩—脱水—堆肥/干化/石灰稳定—处置
D. 浓缩—脱水—堆肥/干化/石灰稳定—焚烧—处置
答案：ABCD

16. 排水管道功能状况主要检查项目有（　　）。
A. 管道积泥　　　B. 仪器检查　　　C. 雨水口积泥　　　D. 检查井积泥
答案：ACD

17. 完全混合法运行过程中（　　）易导致污泥膨胀。
A. 污水中碳水化合物负荷过高　　　　B. 进水 pH 高
C. DO 不足　　　　　　　　　　　　　D. 氮、磷等养料缺乏
答案：ACD

18. 引起大块污泥上浮的有（　　）。

A. 活性污泥　　　　B. 反硝化污泥　　　　C. 硝化污泥　　　　D. 腐化污泥

答案：BD

19. 为防治反渗透膜被生物污染，通常采用进水在投加还原剂之前保证大于（　　）料氯的方法，并定期使用其他非氧化型消毒剂对膜清洗。

A. 0.1mg/L　　　　B. 0.2mg/L　　　　C. 0.3mg/L　　　　D. 0.4mg/L

答案：A

20. 有关好氧颗粒污泥的说法正确的是（　　）。

A. 好氧颗粒污泥结构致密，与普通活性污泥相比，同体积内的微生物量高 2~5 倍
B. 生物量高，可达 8~15g/L，避免了污泥膨胀问题，出水水质好，耐冲击负荷能力强
C. 池形结构简单，易于维护
D. 颗粒表面到颗粒核心区依次形成了好氧—缺氧—厌氧环境

答案：ABCD

三、简答题

1. 《城镇污水处理厂污染物排放标准》（GB 18918—2002）中根据水温对出水氨氮都给定了不同限值，分别是什么？为什么没有对 TN 做此要求？

答：因为低于 12℃ 的水温对硝化即氨的氧化过程会产生抑制，而对于反硝化的影响没有那么严重，只要有硝态氮，就可以脱除，受低水温影响小。

2. 城镇排水与污水处理设施维护运营单位应当具备哪些条件？

答：城镇排水与污水处理设施维护运营单位应当具备下列条件：

(1) 有法人资格。

(2) 有与从事城镇排水与污水处理设施维护运营活动相适应的资金和设备。

(3) 有完善的运行管理和安全管理制度。

(4) 技术负责人和关键岗位人员经专业培训并考核合格。

(5) 有相应的良好业绩和维护运营经验。

(6) 法律、法规规定的其他条件。

3. 《城镇排水与污水处理条例》提出排水与污水处理工作要遵循的原则包括哪些？

答：城镇排水与污水处理应当遵循尊重自然、统筹规划、配套建设、保障安全、综合利用的原则。

4. 排水户申请领取污水排入排水管网许可证应具备的条件有哪些？

答：(1) 排放口的设置符合城镇排水与污水处理规划的要求。

(2) 按照国家有关规定建设相应的预处理设施和水质、水量检测设施。

(3) 排放的污水符合国家或者地方规定的有关排放标准。

(4) 法律、法规规定的其他条件。

5. 微型动物在活性污泥中所起的作用是什么？

答：(1) 促进絮凝和沉淀：污水处理系统主要依靠细菌起净化和絮凝作用，原生动物分泌的黏液能促使细菌发生絮凝作用，大部分原生动物如固着型纤毛虫本身具有良好的沉降性能，加上与细菌形成絮体，更提高了在二沉池的泥水分离效果。

(2) 减少剩余污泥：从细菌到原生动物的转换率约为 0.5%，因此，只要原生动物捕食细菌就会使生物量减少，减少的部分等于被氧化量。

(3) 改善水质：原生动物除了吞噬游离细菌外，沉降过程中还会黏附和裹带细菌，从而提高细菌的去除率。原生动物本身也可以摄取可溶性有机物，还可以和细菌一起吞噬水中的病毒。这些作用的结构是可以降低二沉池出水的 BOD_5、COD_{Cr} 和 SS，提高出水的透明度。

6. 普通氧化沟的工艺特点是什么？

答：普通氧化沟属于低负荷延时活性污泥法，能适应水质和水量的变化，处理效果稳定，剩余污泥量少，污泥稳定程度高。普通氧化沟的工艺特点如下：

(1) 氧化沟内有推流和完全混合流两种液态。

(2)氧化沟内有明显的溶解氧梯度。

(3)用氧化沟可以不设初沉池。

(4)氧化沟是延时曝气法的一种特殊形式，它的池体狭长，池深较浅，在沟槽中设有表面曝气装置。

(5)曝气装置的转动，推动沟内液体迅速流动，具有曝气和搅拌两个作用，沟中混合液流速约为 0.3 ~ 0.6m/s，使活性污泥呈悬浮状态。

7. 指示活性污泥各个阶段性质出现的原生动物分别有哪些？

答：(1)污泥恶化：出现快速游泳型的种属，主要有豆形虫、肾形虫、草履虫、波豆虫、尾滴虫、滴虫等。污泥严重恶化时，几乎不出现微型动物，细菌大量分散，活性污泥的凝聚、沉降能力下降，处理能力差。

(2)污泥解体：絮凝体细小，有些似针状分散，一般会出现原生动物如变形虫等肉足类。

(3)污泥膨胀：活性污泥沉降性能差，SVI 值(污泥体积指数，即曝气池混合液经 30min 沉淀后，相应的 1g 干污泥所占的容积，单位 ml/g)高。由于丝状菌的大量生长，出现能摄食丝状菌的原生动物及轮虫。

(4)污泥从恶化到恢复：活性污泥从恶化到正常状态的过渡期常常有漫游虫、卑怯管叶虫等。

(5)污泥良好：污泥易成絮体，活性高，沉降性能好。出现的优势原生动物为钟虫、累枝虫、盖虫等固着型种属或者匍匐型种属。

8. 简述活性污泥净化污水的过程。

答：活性污泥净化污水通过以下 3 个阶段来完成。

第一阶段：污水主要通过活性污泥的吸附作用而得到净化，吸附作用进行得十分迅速，一般在 30min 完成。

第二阶段：也称氧化阶段，主要是继续分解氧化前阶段被吸附和吸收的有机物，同时继续吸附一些残存的溶解物质，这个阶段进行的相当缓慢。

第三阶段：泥水分离阶段，在这一阶段活性污泥在二沉池中进行泥水分离。

9. 分析二沉池出水 NH_3-N 和 COD_{Cr} 突然升高的原因及其控制措施，简述污水处理厂在 COD 减排和节能降耗方面还有哪些挖潜增效的主要做法和措施。

答：1)原因和措施

(1)因进入曝气池的污水量突然加大，有机负荷突然升高或有毒有害物质突然升高等，引起二沉池出水 NH_3-N 和 COD_{Cr} 突然升高时，应加强污水水质监测和发挥污水调节池的作用减少进水量，使进水尽可能均衡。

(2)由于曝气池管理不善，如曝气池充氧量不足、外回流比低等，引起二沉池出水 NH_3-N 和 COD_{Cr} 突然升高时，应加强对曝气池的管理，及时调整各种运行参数。

(3)二沉池管理不善，如浮渣清理不及时、刮泥机运转不正常等，引起二沉池出水 NH_3-N 和 COD_{Cr} 突然升高时，应加强对二沉池的管理，及时巡检，发现问题立即整改。

2)COD 减排空间做法和措施

(1)提高污水管网的收集率和污水处理厂运行负荷率。

(2)提高管网收集和污水处理厂运行效率，提高进水浓度。

(3)提高污水处理厂处理标准并加强运行管理。

(4)初期雨水和合流溢流的控制与处理。

3)节能降耗做法和措施

(1)精确曝气、精确加药、精确排泥等精细化管理措施。

(2)加强设施设备维护管理，提高完好率和全生命周期。

(3)减少污泥产量，降低处置费用。

(4)沼气发电、污泥堆肥、磷回收等资源化利用做法。

四、计算题

1. 某污水处理厂采用传统活性污泥法处理工艺，设计曝气池进水 BOD_5 浓度 $C_{进}$ 为 150mg/L，二沉池出水 BOD_5 浓度 $C_{出}$ 为 10mg/L，污泥有机负荷 F/M 为 0.1kg BOD_5/(kg MLVSS·d)，曝气池总池容 $V=20000m^3$；实际运行中曝气池 MLSS 浓度 X 为 3500mg/L，MLVSS/MLSS=0.75，每小时排放剩余污泥 $30m^3$，剩余污泥含水率 99.2%；求污泥龄并测算在设计负荷下的每天合理运行水量。

解：设计负荷下合理运行水量 $Q = F/M \times X \times 0.75 \times V/(C_{进} - C_{出}) = 0.1 \times 3500 \times 0.75 \times 20000/(150 - 10) = 37500 \text{m}^3/\text{d}$

污泥龄 θ_c = 生物池内活性污泥总量/剩余污泥的排放总量 $= (3500 \times 20000/10^6)/[30 \times 24 \times (1 - 99.2\%)] = 70/5.76 \approx 12.15\text{d}$

2. 某废水处理站拟按每升废水投药量 30mg 的比例投加 PAC，现配药箱有效容积 0.6m^3，配制浓度为 5%，问每配制一箱 PAC 溶液需要加多少 PAC？如处理水量为 $60\text{m}^3/\text{h}$，所配 PAC 溶液能用多长时间（假设配制 PAC 溶液密度为 1000kg/m^3）？

解：PAC 的质量 $m = 0.6 \times 1000 \times 0.05 = 30\text{kg}$

一箱药可处理废水量 $V = m \times 1000/30 = 30 \times 1000/30 = 1000\text{m}^3$

所配 PAC 溶液所用时间 $t = 1000/60 = 16.67\text{h}$

3. 某污水厂日处理污水 $100000\text{m}^3/\text{d}$，入流污水 SS 为 300mg/L。该厂设有 4 个初沉池，每个池配有一台流量为 $50\text{m}^3/\text{h}$ 的排泥泵，每 4h 排泥 1 次。求当 SS 去除率为 60%，排泥浓度为 3% 时每次的排泥时间。

解：由干排泥量公式 $M_s = (SS_{进} - SS_{出}) \times Q$，得每个周期产生的干污泥量 $M_s = 100000/24 \times 4 \times 300 \times 60\% \approx 3000000\text{g/h}$

排泥浓度 $C_s = 3\% = 30000\text{g/m}^3$，由湿排泥量公式 $Q_s = M_s/C_s$，得每个排泥周期内产生的湿污泥量 $Q_s = M_s/C_s = 3000000/30000 = 100\text{m}^3$，即 4 个初沉池每池产生 25m^3 泥，则排泥持续时间 $t = 25/50 = 0.5\text{h}$。

4. 某污水处理厂采用延时曝气活性污泥法处理污水，污水量 $Q = 3600\text{m}^3/\text{d}$，曝气池容积 $V = 3150\text{m}^3$，池中生物固体浓度为 $X = 4000\text{mg/L}$。已知微生物产率系数 $Y = 0.4$，内源呼吸衰减系数 $K_d = 0.02\text{d}^{-1}$，曝气池进水 BOD_5 为 $L_0 = 180\text{mg/L}$，试估算曝气池出水 BOD_5 浓度。

解：出水 BOD_5 浓度 $L_e = L_0 - (X \times V \times K_d)/(Y \times Q) = 180 - (4000 \times 3150 \times 0.02)/(0.4 \times 3600) = 5\text{mg/L}$

5. 某污水处理厂为反硝化工艺，经测定分解 BOD_5 的耗氧系数为 1.2，硝化耗氧系数为 4.57，反硝化产氧系数为 2.6，曝气系统的曝气效率为 10%，污水量为 $5000\text{m}^3/\text{d}$；进水 BOD_5 为 120mg/L，凯氏氮 TKN 为 20mg/L；出水 BOD_5 为 20mg/L，NH_3-N 为 2mg/L。求出水 NO_3^--N 为 5mg/L 时生化池的供气量。

解：生化池的供气量 $= [1.2 \times (120 - 20) + 4.57 \times (20 - 2) - 2.6 \times (20 - 2 - 5)] \times 5000/(300 \times 10\%) \approx 27866.7\text{m}^3/\text{d}$（气水比 5.57）

6. 某污水厂共有离心浓缩机 3 台和离心脱水机 4 台，均采用双变频驱动转鼓和螺旋，进泥泵、加药泵变频可调；离心浓缩机单台处理量 $40 \sim 100\text{m}^3/\text{h}$，进泥含水率 98.5% ~ 99.4%；离心脱水机单台处理量 $25 \sim 50\text{m}^3/\text{h}$，进泥含水率 95% ~ 97.5%。根据生产需要，初沉污泥排放量 $45\text{m}^3/\text{h}$，浓度为 40g/L；剩余污泥排放量 $200\text{m}^3/\text{h}$，浓度为 8g/L，浓缩后含水率为 95%，要求脱水处理后污泥含水率小于 80%。忽略固体回收率对工艺、设备的影响，如何经济可行的开启离心浓缩机和离心脱水机？

解：1) 浓缩共需处理的污泥干固量 $= 200 \times 8 = 1600\text{kg/h}$

单台浓缩机可处理污泥干固量 $= 40 \times (1 - 98.5\%) \times 1000 = 100 \times (1 - 99.4\%) \times 1000 = 600\text{kg/h}$

$1600/600 \approx 2.67$，故需开 3 台离心浓缩机

可采用 3 台均衡地运行，单台处理量 $200/3 \approx 67.7\text{m}^3/\text{h}$

或其中 2 台满负荷运行（单台处理量 $600/8 = 75\text{m}^3/\text{h}$），另 1 台非满负荷（处理量 $= 200 - 2 \times 75 = 50\text{m}^3/\text{h}$，仍大于最小处理量）

2) 脱水共需处理的污泥干固量 $= 1600 + 45 \times 40 = 3400\text{kg/h}$

单台脱水机可处理污泥干固量 $= 25 \times (1 - 95\%) \times 1000 = 50 \times (1 - 97.5\%) \times 1000 = 1250\text{kg/h}$

$3400/1250 = 2.72$，故需开 3 台离心脱水机

共需脱水的污泥体积 $200 \times 8/50 + 45 = 77\text{m}^3/\text{h}$

脱水机进泥含固量 $3400/(77 \times 1000) \approx 0.044$，单台机器可处理 $1250/44 = 28.4\text{m}^3/\text{h}$

如采用 2 台满负荷，另 1 台处理量 $= 77 - 28.3 \times 2 = 20.4\text{m}^3/\text{h}$，小于单台最小处理量

或采用 1 台满负荷，另 2 台处理量 $= (77 - 28.3)/2 \approx 24.4\text{m}^3/\text{h}$，仍小于单台最小处理量

故采用 3 台均衡地运行，单台处理量 $77/3 = 25.7\text{m}^3/\text{h}$

7. 某小城镇污水量为 $5000\text{m}^3/\text{d}$，采用容积 55000m^3 的曝气氧化塘进行处理，污水 BOD_5 为 200mg/L，求在

水温12℃时出水的BOD_5浓度（20℃时BOD_5降解速率$K_{20}=0.6d^{-1}$，温度常数$\theta_T=1.065$）。

解：污水在曝气氧化塘的停留时间$t=V/Q=55000/5000=11d$

由公式$K_T=K_{20}\times\theta_T^{(T-20)}$得，水温12℃时BOD5降解速率$K_{12}=0.6\times1.065^{(12-20)}=0.36d^{-1}$

时间$t=80\%/[0.36\times(100\%-80\%)]=11d$

水温12℃时BOD_5的理论去除率$\eta=t\times K_{12}/(1+t\times K_{12})\times100\%=11\times0.36/(1+11\times0.36)\times100\%=79.8\%$

水温12℃时出水BOD_5浓度$=200\times(1-79.8\%)=40.4mg/L$

8. 某污水处理厂日处理污水量$100000m^3/d$，入流污水的SS为250mg/L。该厂设有4条初沉池，每池配有1台流量为$60m^3/h$的排泥泵，每2h排泥1次。求当SS去除率为60%时，要求排泥浓度为3%时，每次的排泥时间（污泥密度近似按$1000kg/m^3$算）。

解：由干排泥量公式$M_s=(SS_{进}-SS_{出})\times Q$，得每个排泥周期产生的干污泥量$M_s=(100000/24)\times2\times250\times60\%\approx1250000g/h$，排泥浓度$C_s=3\%=30000g/m^3$

由湿排泥量公式$Q_s=M_s/C_s$，得每个排泥周期产生的湿污泥量$Q_s=1250000/30000\approx41.7m^3$

已知共有4个池子，每池子约产泥$41.6/4=10.4m^3$，每次排泥时间约$10.4/60=10min$。

9. 某处理厂污泥浓缩池，当控制固体负荷为$50kg/(m^3\cdot d)$时，得到如下浓缩效果：入流污泥量$Q_i=500m^3/d$；入流污泥的含水率为98%；排泥量$Q_u=200m^3/d$；排泥的含水率为95.5%；试评价浓缩效果，并计算分离率。

解：浓缩倍数$f=C_u/C_i=(100-P_u)/(100-P_i)=(100-95.5)/(100-98)=4.5/2=2.25$

固体回收率$\eta=Q_u\times C_u/Q_i\times C_i=(200\times4.5)/(500\times2)\times100\%=90\%$

分离率$F=Q_e/Q_i=(500-200)/500=60\%$

经计算可知，该浓缩效果较好，污泥被浓缩了2.25倍，有90%的污泥固体随排泥进入后续污泥处理系统，只有10%的污泥固体随上清液流失，经浓缩后，60%的上清液中携带10%的固体从污泥中分离出来。

10. 某处理厂一般将污泥的泥龄控制在4d左右，该厂曝气池容积V为$5000m^3$。求当回流污泥浓度为4000mg/L，混合液浓度为2500mg/L，出水悬浮固体浓度为30mg/L，入流污水量Q为$20000m^3/d$时，该厂每天应排放的剩余污泥的量。

解：剩余污泥排放量的计算公式如下：

$\theta_c=V\times X/[Q_w\times X_w+(Q-Q_w)\times X_e]$，即$Q_w=(V/\theta_c)\times[X/(X_w-X_e)]-[X_e/(X_w-X_e)]\times Q$

将各个参数代入上述公式得：

$Q_w=(5000/4)\times[2500/(4000-30)]-[30/(4000-30)\times20000]\approx636m^3$

第三节　操作知识

一、单选题

1. 污水处理厂出水SS超标时，应采取的措施不包括（　　）。
A. 调整运行泥龄　　　　　　　　　　　B. 调整生物池溶解氧浓度分布
C. 检查二沉池及过滤系统的运行状况　　D. 增加好氧池供氧量
答案：D

2. 采用混凝处理工艺处理废水时，混合阶段的速度梯度和搅拌时间应该控制在（　　）。
A. 速度梯度在$10\sim200s^{-1}$，搅拌时间为$10\sim30s$
B. 速度梯度在$10\sim200s^{-1}$，搅拌时间为$10\sim30min$
C. 速度梯度在$500\sim1000s^{-1}$，搅拌时间为$10\sim30s$
D. 速度梯度为$500\sim1000s^{-1}$，搅拌时间为$1\sim30min$
答案：C

3. 沉砂池运行管理的内容中，仅适应于曝气沉砂池的选项是（　　）。
A. 调节各间沉砂池的水平流速　　　　　　B. 定期进行清砂
C. 定期清除浮渣　　　　　　　　　　　　D. 调节风量
答案：D

4. 设备维护规定要做到（　　）。
A. 懂原理　　　　　　　　　　　　　　　B. 懂性能、原理、构造
C. 懂事故处理、原理、构造、性能　　　　D. 懂构造、原理
答案：C

5. 二沉池浮渣槽未及时清理，易造成（　　）。
A. 池内出现短流　　　　　　　　　　　　B. 池面漂浮物增多
C. 池底污泥腐化　　　　　　　　　　　　D. 排泥管堵塞
答案：B

6. 在初沉池的运转中，其水平流速一般（　　）或接近冲刷流速。
A. 会超过　　　　B. 不会超过　　　　C. 等于　　　　D. 很少
答案：B

7. 离心泵的实际安装高度（　　）允许安装高度，就可防止气蚀现象发生。
A. 大于　　　　B. 小于　　　　C. 等于　　　　D. 近似于
答案：B

8. 检查水泵填料密封处滴水情况是否正常，泄滴量的大小由轴承直径而定，一般要求不能流成线，以每分钟（　　）滴为宜。
A. 200　　　　B. 120　　　　C. 60　　　　D. 10
答案：C

9. 水泵在启、封闷头板前，必须测定其水池的（　　）。
A. 流速　　　　B. 硫化氢浓度　　　　C. 流量　　　　D. 水位
答案：B

10. 污泥负荷越低，消化反应越充分，一般情况下，污泥负荷应控制在（　　）。
A. 0.01～0.05kg BOD_5/(kg MLSS·d)
B. 0.02～0.1kg BOD_5/(kg MLSS·d)
C. 0.05～0.15kg BOD_5/(kg MLSS·d)
D. 0.1～0.2kg BOD_5/(kg MLSS·d)
答案：C

11. 提供给臭氧发生器的最佳氧气浓度应在（　　）。
A. 80%～90%　　　　B. 85%～95%　　　　C. 90%～95%　　　　D. 92%～97%
答案：C

12. 快速滤池一般的工作周期为（　　），在冲洗前的最大水头损失约控制在（　　）。
A. 10～20h，1～2h　　B. 12～24h，2～3h　　C. 14～26h，1～2h　　D. 15～24h，2～3h
答案：B

13. 上向流式滤池不允许过水流量有大幅度的（　　）变化。
A. 增加　　　　B. 减小　　　　C. 流失　　　　D. 冲击
答案：A

14. 在活性污泥法污水处理厂废水操作工进行巡检时，看到二沉池上清液变得混浊并有气泡时，是因为（　　）。
A. 负荷过高　　　B. 污泥中毒　　　C. 污泥解絮　　　D. 反硝化或局部厌氧
答案：D

15. 潜水泵最重要、难度最大的密封部位是（　　）。
A. 壳体密封　　　B. 转轴密封　　　C. 电缆入口密封　　　D. 进水口密封

答案：B

16. 潜水泵和潜水搅拌器目前常用转动轴的密封方式是（   ）。
    A. O型圈   B. 填料（盘根）   C. 机械密封   D. 橡胶油封
    答案：C

17. 机械密封中，动、静摩擦面出现轻微划痕或表面不太平滑时，可进行（   ）修复使用。
    A. 研磨抛光   B. 摩削   C. 精车   D. 更换
    答案：A

18. 水泵在运行过程中，噪声低而振动较大，可能原因是（   ）。
    A. 轴弯曲   B. 轴承损坏   C. 负荷大   D. 叶轮损坏
    答案：D

19. 离心泵大修时，由于泵轴运转了一定时间，应进行（   ）检查。
    A. 弯曲度   B. 强度   C. 刚度   D. 硬度
    答案：A

20. MBR工艺中，为避免发生淹泡事故，通常会将膜池液位与进水泵进行联锁，以保证系统运行安全，下列对膜池进水渠液位导致进水泵全停的说法正确的是（   ）。
    ①进水泵流量过大；②化学清洗引起膜池液位升高；③产水泵产水流量设置过低；④产水泵产水流量设置过高；⑤混合液回流泵开度过大；⑥各系列生物池配水不均匀；⑦膜池进水渠液位计下方液面泡沫或浮渣过多
    A. ①②⑥⑦   B. ②④⑤⑥⑦   C. ①②③⑤⑥   D. ②③④⑤⑦
    答案：A

21. 检查加氯系统泄漏的正确方法是（   ）。
    A. 观察是否有无色无味的气体   B. 观察是否有黄绿色的气体
    C. 用氨水试漏，观察是否有白色烟雾   D. 用手扇微量气体是否有刺激性气味
    答案：C

22. 吸附再生池污泥回流比一般应适宜控制为（   ）。
    A. 10%~40%   B. 50%~100%   C. 140%~180%   D. 200%以上
    答案：B

23. 当泵的轴线高于水池液面时，为防止发生气蚀现象，所允许的泵轴线距吸水池液面的垂直高度为（   ）。
    A. 扬程   B. 动压头   C. 静压头   D. 允许吸上真空高度
    答案：D

24. VGA/ALK值反映了厌氧处理系统内中间代谢产物的积累程度，正常运行的厌氧处理装置其VGA/ALK值一般在（   ）以下。
    A. 0.5   B. 0.2   C. 0.4   D. 0.3
    答案：D

25. 为了使平流式沉砂池正常运行，主要要求控制（   ）。
    A. 悬浮物尺寸   B. 曝气量   C. 污水流速   D. 细格栅的间隙宽度
    答案：C

26. 板框压滤机在高压下运行，而且很多装置采用石灰作为调试剂，因此必须有足够的高压冲洗水再生，保持滤布的再生度，同时必要时应周期性（   ）。
    A. 酸洗   B. 碱洗   C. 离线清洗   D. 晾晒
    答案：A

27. 带式脱水机在重力脱水阶段，大约需要（   ），其污泥体积缩小（   ）左右，此时污泥的含水率大约为94%~90%。
    A. 3~5min，50%   B. 3~5min，40%   C. 1~2min，40%   D. 1~2min，50%
    答案：D

28. 在药液投加流量不变的条件下，与药液投加量相关的是（   ）。
    A. 配制药液量   B. 药液投加浓度

C. 检查各投药点　　　　　　　　　　　D. 计量泵的维护

答案：B

29. 关于厌氧消化细菌培养驯化中的污泥搅拌问题，培养中期（第11～30d）的搅拌方式是（　　）。
   A. 可以不搅拌　　　　　　　　　　　B. 每天搅拌1次
   C. 每天搅拌3～4次　　　　　　　　　D. 每天搅拌6～8次

答案：C

30. 培养和驯化生物膜过程中，开始挂膜时，进水流量应小于设计值，可按设计流量的（　　）。
   A. 20%～40%　　B. 10%～20%　　C. 20%～30%　　D. 30%～40%

答案：A

31. 当二沉池出水不均时，要调整（　　）。
   A. 排泥量　　　　B. 排渣量　　　　C. 堰板水平度　　D. 刮板高度

答案：C

32. 因水力停留时间长，氧化沟内活性污泥（　　）。
   A. 浓度高　　　　B. 泥龄较长　　　C. 指数低　　　　D. 沉降比大

答案：B

33. 当生物膜达到一定厚度后，在（　　）作用下脱落。
   A. 水流冲刷　　　　　　　　　　　　B. 自身代谢气体
   C. 机械搅动　　　　　　　　　　　　D. 自身代谢气体和水流冲刷

答案：D

34. 当完全混合曝气法进水有机污染物浓度增大时，以下工艺参数控制不正确的是（　　）。
   A. 加速曝气　　　　　　　　　　　　B. 加大回流比
   C. 加大活性污泥排放　　　　　　　　D. 减小进水量

答案：C

35. 延时曝气法较其他活性污泥法投加氮、磷盐较少，主要由于（　　）。
   A. 细胞物质氧化释放氮、磷　　　　　B. 污水中氮、磷含量高
   C. 微生物不需要氮、磷　　　　　　　D. 有机物氧化生成氮、磷

答案：A

36. 活性污泥的培养过程中，以下不正确的做法是（　　）。
   A. 选择新鲜粪便作为微生物的营养　　B. 选择适宜的温度
   C. 控制换水水质、水量　　　　　　　D. 选择适当的曝气强度

答案：A

37. 生化池受冲击严重，以下处理顺序不正确的是（　　）。
   A. 先调节水质，后进行闷曝　　　　　B. 先停生化进水，后调节营养比
   C. 先停生化进水，后调节水质　　　　D. 先停生化进水，再调整操作单元

答案：A

38. A/O法运行中，如果曝气池DO过高，产泥量少，易使污泥低负荷运行出现过度曝气现象，造成（　　）。
   A. 污泥膨胀　　　B. 污泥矿化　　　C. 污泥解体　　　D. 活性污泥高

答案：C

39. 下列调节平流式初沉池水平流速的操作中，不正确的操作方法是（　　）。
   A. 均匀各间进水　　　　　　　　　　B. 调节单间初沉池进水量
   C. 以过水量为准　　　　　　　　　　D. 增减初沉池运行间数

答案：C

40. 滚筒膜格栅系统设备停止的顺序是（　　）。
   A. 进水闸门→压榨机→螺旋输送机→格栅　　B. 螺旋输送机→压榨机→格栅→进水闸门
   C. 进水闸门→格栅→螺旋输送机→压榨机　　D. 螺旋压榨机→进水闸门→螺旋输送机→格栅

答案：C

41. 连续式重力浓缩池停车操作步骤有：①停刮泥机；②关闭刮泥阀；③关闭进泥阀。下列步骤顺序正确的是(　　)。
  A. ②③①   B. ②①③   C. ③①②   D. ①③②
  答案：C

42. 活性污泥法曝气池内产生(　　)，可向池内投加一定量机油进行处理。
  A. 污泥膨胀   B. 污泥解体   C. 污泥腐化   D. 泡沫
  答案：D

43. 污泥一级消化污泥停留时间一般控制在(　　)左右。
  A. 10d   B. 20d   C. 40d   D. 50d
  答案：B

44. 超滤系统停机时一般进行的停机程序，膜组器需中期停运需进行的操作是(　　)。
  A. 使用超滤产水(或质量更好的水)对其进行 1 次常规反洗
  B. 每天要用超滤产水(或更好质量的水)进行 1 次常规反洗，开机启动前执行 1 次常规 CEB 程序
  C. 每隔 24h 移开每个膜组件的上部端盖，将 5mg/kg 的次氯酸钠溶液注到膜组件顶端，直到新注的次氯酸钠溶液置换了膜组件内的溶液后，把膜组件的上端盖重新盖上；每隔 3d 更换存储容器里的次氯酸钠溶液
  D. 超滤系统应该进行 1 次常规的 CEB，以使其被彻底清洗；然后进行反洗，反洗水中加入焦亚硫酸钠，浓度为 0.5%，或亚硫酸氢钠，浓度为 1%，要使焦亚硫酸钠或亚硫酸氢钠溶液完全冲进膜内，替换膜内的水；焦亚硫酸钠或亚硫酸氢钠溶液每隔 30d 更换 1 次
  答案：B

45. 某再生水厂近日进行每年的超滤膜漏点检测，同时对超滤膜进行堵漏，堵漏顺序应为(　　)。
  ①圈出漏点，并计数；②使用胶枪将堵漏胶涂在漏点处；③将待修补膜元件进行气泡试验；④修补好的膜元件进行气泡试验复查漏点数量；⑤用紫外灯进行烤干
  A. ②①⑤④③   B. ③①⑤②④   C. ③①②⑤④   D. ①③②⑤④
  答案：B

46. (　　)的变化会使二沉池产生异重流，导致短流。
  A. 温度   B. pH   C. MLSS   D. SVI
  答案：A

47. 总排水口出水混浊，严重超标，其原因可能是生化池进水水质发生突变，有悬浮物质进入是污泥发生中毒现象，针对这种现象，应采取的合理化措施是(　　)。
  A. 向生化池投加片碱，将生化池混合液 pH 调节至 9，增加菌胶团凝聚性
  B. 向生化池投加尿素，提高生化池氨氮含量
  C. 停止进水，加大曝气量，引入清水或生活污水，闷曝数小时使污泥复壮
  D. 加大进水量，将悬浮物冲走
  答案：C

48. 药液投加量调整步骤：①检查药液浓度；②检查加药点投药量；③调整投药量；④检查溶液池药液储存量。下列步骤顺序正确的是(　　)。
  A. ③①②④   B. ③②①④   C. ②①④③   D. ①②③④
  答案：C

二、多选题

1. 以下说法正确的是(　　)。
  A. 鞭毛虫以游离细菌为食，多出现在污泥解体水质恶化之时
  B. 钟虫大量出现在水质良好的时候
  C. 轮虫大量出现时应注意污泥是否老化
  D. 累枝虫大量出现在水质恶化的时候
  答案：ABC

2. 采用液氯消毒时，应符合的规定有( )。
A. 应每周检查 1 次报警器及漏氯吸收装置与漏氯检测仪表的有效联动功能
B. 应每周启动 1 次手动装置，确保其处于正常状态
C. 应每日检查 1 次报警器及漏氯吸收装置与漏氯检测仪表的有效联动功能
D. 应每日间隔 2h 检查 1 次报警器及漏氯吸收装置与漏氯检测仪表的有效联动功能
答案：AB

3. 下列说法正确的是( )。
A. 较长的时间对消毒有利
B. 水中杂质越多，消毒效果越差
C. 污水的 pH 较高时，次氯酸根的浓度增加，消毒效果增加
D. 消毒剂与微生物的混合效果越好，杀菌率越高
答案：ABD

4. 压差流量计是以( )为理论根据，通过测量流体流动过程中产生的压差来测量流量。
A. 质量守恒(连续性方程)   B. 能量守恒(伯努利方程)
C. 热扩散   D. 超声感应
答案：AB

5. 常用的液位在线监测方法包括( )。
A. 超声法   B. 磁场法   C. 超声波法   D. 激光液位
答案：ACD

6. 不同格栅除污机，其操作方法不同，但共同问题主要有( )。
A. 清除间隔不能太长   B. 要经常加润滑油
C. 检查压缩机   D. 检查冲洗水泵
答案：AB

7. 当二沉池出水较为清澈，但在出水中悬浮细小、稠密的针状絮体污泥颗粒时，生物反应池可采取的措施有( )。
A. 增加排泥量   B. 减少排泥量   C. 提高曝气量   D. 降低曝气量
答案：AD

8. 二级处理水的水质较好，但沉淀池中出现细小、几乎透明、质轻、绒毛状的污泥颗粒上升至液面，并进入到出水堰中。出现这种离散絮体时原因有( )。
A. SRT 较低   B. F/M 较高   C. MLSS 较低   D. 曝气量
答案：ABC

9. 二沉池中发生污泥呈块状上浮现象，可采取的措施有( )。
A. 增加污泥回流量   B. 提高剩余污泥排放量
C. 降低生物池污泥负荷   D. 缩短 SRT
答案：ABCD

10. 对于由诺卡氏菌属的一类丝状菌引起的生物泡沫，可通过采取( )措施消除。
A. 水冲或风机机械消泡   B. 消泡剂
C. 加氯   D. 加大排泥量，缩短 SRT
答案：CD

11. 生化池受轻度冲击时，正确的调节方法是( )。
A. 长时间闷曝   B. 增加排泥量
C. 一段时间内适当限制进水量   D. 调节进水水质
答案：CD

12. 克服活性污泥膨胀的手段有( )。
A. 曝气池运行上：DO >2mg/L，15℃ ≤ T ≤35℃，注意营养比
B. 对高黏性膨胀投加无机絮凝剂，使它相对密度加大些

C. 回流污泥活化、调整好污泥浓度、沉淀池要求不发生厌氧状态
D. 变更低浓度废水的流入方式、不均一废水投入方法
答案：ABCD

14. 生化池受冲击严重，处理顺序正确的是（　　）。
    A. 先调节水质，后进行闷曝　　　　　B. 先停生化进水，后调节营养比
    C. 先停生化进水，后调节水质　　　　D. 先停生化进水，再调整操作单元
    答案：BCD

15. 为改善冬季低温状态下的生物硝化与反硝化效果，建议从秋季开始逐步提高污水生物处理系统的 MLSS 浓度，增加实际运行泥龄，累计硝化菌和反硝化菌总量，包括（　　）。
    A. 改变运行模式　　B. 改变运行参数　　C. 投加外部碳源　　D. 投加载体填料
    答案：ABCD

16. 当出水 COD 超标时，应采取的措施有（　　）。
    A. 投加粉末活性炭　　　　　　　　　B. 延长生物池泥龄
    C. 调整回流混合液流量　　　　　　　D. 检查氧化还原电位
    答案：AB

17. 当冬季水温较低时，为保证处理效果应采取的措施有（　　）。
    A. 提高污泥浓度　　B. 提高溶解氧　　C. 减小回流比　　D. 减少排泥量
    答案：ABD

18. 一般运行中，防止丝状菌膨胀，主要加强运行管理，主要措施有（　　）。
    A. 监测污水水质　　　　　　　　　　B. 检查脱水泥饼
    C. 检查曝气系统情况　　　　　　　　D. 检查进水浮渣情况
    答案：AC

19. 曝气池污泥解体的表征有（　　）。
    A. 处理水质浑浊　　　　　　　　　　B. 30min 沉降比大于 80%
    C. 污泥絮体小　　　　　　　　　　　D. 污泥有异味
    答案：ACD

20. 污泥上浮时，能测试到的恶臭气体，主要有（　　）。
    A. 硫化氢　　　　　B. 一氧化碳　　　C. 氮气　　　　　D. 氨
    答案：AD

21. 二沉池出现黑色浮泥的原因、调整措施是（　　）。
    A. 发生反硝化　　　B. 发生厌氧反应　C. 加大回流　　　D. 加大曝气
    答案：BC

22. 进水泵流量减少或不出水（压力不足）的原因有（　　）。
    A. 水泵或进水管进水不足　　　　　　B. 进水中空气或其他气体太多
    C. 进水阀没完全打开　　　　　　　　D. 介质黏度大于设计黏度
    答案：ABCD

23. 除砂机的电动机异响的原因有（　　）。
    A. 异常振动　　　　B. 轴承损坏或电缆原因　C. 机械摩擦　　D. 电流不均衡
    答案：ABCD

24. 砂泵不出砂或者砂量小的原因有（　　）。
    A. 砂泵管道堵塞　　B. 砂泵叶轮磨损严重　　C. 砂泵反转　　D. 砂泵叶轮脱落
    答案：ABCD

25. 鼓风机控制系统报警的原因有（　　）。
    A. 6kV 电源未送电　　　　　　　　　B. 6kV 电源配电柜信号故障
    C. 指示灯泡故障　　　　　　　　　　D. 远方信号未传输入 PLC
    答案：AB

26. 下列关于离心高速鼓风机说法正确的是(　　)。
   A. 理论上是变流量恒压设备
   B. 进气流量固定时,风机功率随温度升高而升高
   C. 大型风机采用径向轴承和推力轴承
   D. 温度较高易引发喘振
   E. 进气流量固定时,进气温度降低,出口压力降低
   答案:ACD

27. 下列有关初次沉淀池运行管理的说法正确的是(　　)。
   A. 初次沉淀池 SS 去除率过高,将导致曝气池内丝状菌过度繁殖,引起污泥膨胀和污泥指数上升,此时应增大表面负荷(到 $50\sim100\ m^3/m^2$)以使形成活性污泥的 SS 流入曝气池
   B. 在开闭初次沉淀池的入流闸门调节流量时,要一边观察一边进行,应避免大幅度操作,闸门的调节可在流量最大时一次性进行,此后,只要不妨碍使用一般不再调节
   C. 如果初次沉淀池的入流污水是均衡的,则池底的污泥堆积也是均匀的,因此不必进行排泥量的调节
   D. 池底堆积的污泥一般间歇排放,排高浓度的污泥时,要在浓度急剧下降后方可停止排泥
   答案:AB

28. 提升泵的泵前水池水位控制要点是(　　)。
   A. 保持在高水位
   B. 在低水位
   C. 在有来水时不要低于最低水位
   D. 在最低水位上,保持一个适度波动范围
   答案:CD

29. 造成滤池堵塞的主要原因包括(　　)。
   A. 滤池进水水质较差悬浮物较多
   B. 滤池出现大量纤维
   C. 水中含有的氨氮浓度太高
   D. 反冲洗时滤池的时间太短
   E. 反冲洗时滤池强度不够
   F. 滤池冲洗强度太高或时间太短
   答案:ABDE

30. 生产运行记录应如实反映全厂设备、设施、工艺及生产运行情况,并应包括的内容有(　　)。
   A. 化验结果报告和原始记录
   B. 化验结果报告,无须原始记录
   C. 各类仪表运行记录
   D. 库存材料、备件等使用记录,无须库存记录
   答案:AC

三、简答题

1. 运行统计报表的内容包括哪些?并举例说明。

答:运行统计报表是指在生产、统计过程中形成的文字记录、台账、电子报表、在线监测等形式的运行、化验及其他生产统计及其衍生数据报表,包括但不限于:

(1)在日常生产过程产生的水、电、泥、药、质等方面的原始记录、台账及统计报表。

(2)所有化验数据及水质检测报告。

(3)对外公示以及信息化系统的数据。

(4)对外报送、成果展示、工作汇报等方面涉及的数据。

2. 水厂编写运行总结报告的作用、要求以及编写的主要内容有哪些?

答:水厂运行过程,应定期进行运行总结,总结过程可以提高水厂的运行管理水平,使运行控制更加整体化,思路更加清晰;同时通过运行总结可以很好的锻炼运行人员的写作水平。

运行总结编写时,数据要保证真实可靠,要如实对现况运行情况进行分析,除了分析总结运行中取得的成绩,更重要的是要研究经验,发现其中的规律,指导日后的运行。同时运行总结作为一种记录,可以方便外部监督检查,为编写水厂年鉴提供依据。

水厂运行总结没有固定模式,大体可分为以下 4 个部分:

(1)生产任务完成情况:该部分主要描述实际完成情况与计划之间的偏差,并分析偏差所产生的原因,从而总结出运行经验。

(2)现阶段运行调控方案的实施结果:根据上一阶段运行调控思路和实际达到的水量、水质结果进行对照说明,对运行调控方案的可实施程度、与实际的匹配程度进行分析。包括的数据有污水处理量、进水 BOD/

COD/SS 范围、进水 TN/NH3 – N/TP 范围、污泥浓度、排泥量、污泥龄、污泥负荷(kg BOD$_5$/kg MLVSS)、SV$_{30}$(%)、SVI(mL/g)。

(3)重点能耗及药剂使用情况:分析污水处理量、污水单元电耗、絮凝剂投配率、化学除磷药剂投配率、碳源投配率的上月预估值、实际值以及原因。

(4)未来运行调控方案的制订:可根据往年来水情况(水量、水质)、当季现场易发生的运行问题(污泥膨胀、汛期来水量大等)、目前实际运行状态、下阶段生产任务,并对下阶段污水处理量、出水水质、达标情况进行预判,对重点运行参数、投药量范围等进行预估。确定是否有针对季节性变化需要提前进行的调控及具体内容。

3. 污泥膨胀的表观现象是什么?污泥膨胀主要由哪些原因引起的?针对这些原因有什么控制措施?

答:1)表观现象:活性污泥膨胀指污泥结构极度松散,体积增大、上浮,沉降分离影响出水水质的现象。

2)原因:一般分为丝状菌膨胀与非丝状菌膨胀两种。非丝状菌膨胀主要发生在废水水温较低而污泥负荷太高的时候,此时细菌吸附了大量有机物,来不及代谢,在胞外积贮大量高黏性物质,使得表面附着物大量增加,很难沉淀压缩。而当氮严重缺乏时,也有可产生膨胀现象。丝状菌膨胀为丝状菌大量繁殖造成的膨胀。

3)控制措施

(1)减少进水量,降低 BOD 负荷。根据负荷低时不易引起活性污泥膨胀的规律而确定。

(2)增加 DO 浓度,在低溶解氧的情况下丝状菌与胶团细菌相比更易摄取氧,故提高溶解氧的浓度可以促进菌胶团的繁殖。

(3)投加混凝剂,促进污泥絮凝。

(4)如丝状菌膨胀投加杀菌剂杀菌或抑菌,丝状菌的丝状部分由于直接与药物接触,比菌胶团细菌受到的影响更大,死亡的比例也大。

4. 简述进行除渣、排砂操作时应特别注意的安全事项。

答:(1)操作人员应熟悉了解设备的性能,操作要领及注意事项。

(2)开始工作前请先熟悉所有装置和操作元件及其功能。

(3)进行保养和维修工作前须停止机器运转,并确保机器不可因误操作而启动。

(4)检查所有电气元件必须符合规定值。

(5)急停制动开关必须复位。

(6)清淘砂泵时,应在控制箱上悬挂禁止合闸的安全标识,避免因误操作造成安全事故。

(7)吸砂管应保持排液畅通,如遇堵塞,应立即停止桥车运转,排除堵塞后,再启动。

(8)在吸砂机的运行轨道上不要有障碍物。

(9)水量大时,吸砂机的砂泵极易堵塞,此时应及时清淘砂泵。

(10)在池上检修设备时,穿救生衣、配戴安全带,必须有人现场监护。

(11)检修、维保设备后,清理现场并通知相关分厂值班人员检修、维保相关情况。

四、实操题

1. 简述清洗滤布滤池系统中滤布的方法。

答:当滤布上的固体颗粒增多,过水阻力增加,滤池内水位上升,当水位上升到一个特定值后,进行反冲洗。

清洗期间,过滤转盘以 30 转/小时的速度旋转。抽吸泵负压抽吸滤布表面,吸除滤布上积聚的污泥颗粒,过滤转盘内的水自里向外被同时抽吸,并对滤布起清洗作用。瞬时冲洗面积仅占全过滤转盘面积的 1% 左右。反冲洗过程为间歇。清洗时,2 个过滤转盘为一组,通过自动切换抽吸泵管道上的电动阀控制,纤维转盘滤池一个完整的清洗过程中各组的清洗交替进行,其间抽吸泵的工作是连续的。当进水水质突然之间恶化,池内液位迅速上升到反洗液位,清洗时同时启动多台反冲洗泵,对多组过滤转盘进行反冲洗,直至反冲洗周期恢复正常。在反冲洗过程中,驱动电机带动滤布转动,离心泵将滤后水通过反冲洗吸头在滤布另一侧进行冲洗收集。高速反向水流将滤布上的固体颗粒去除,恢复滤布的过水能力。

2. 简述手动使用液氯为自来水消毒的方法。

答:1)使用操作

(1) 打开窗户，可启动风机。
(2) 检查安全防护用品是否齐全。正确佩戴防毒面具、浸塑手套和其他有效安全防护用品。
(3) 检查开启相关电源。
(4) 将气瓶旁边棉纱毛巾清理。
(5) 检查水池 pH 值(pH 试纸)。
(6) 启动自来水泵，观察泵后压力表。
(7) 检查氯气吸收装置是否正常和控制开关是否在自动位置。
(8) 检查氯气瓶的重量是否符合要求，挂上正在使用标牌。
(9) 使用专用工具缓慢开启气瓶阀门。
(10) 检查氯气减压阀的工作状况，减压后压力为 $0.2 \sim 0.3$ MPa，否则需调节减压阀的手动调节键。
(11) 检查氯气管道阀门、加氯机管道阀门等在正确位置。
(12) 用氨水检查管道、过滤器、减压阀、真空调节阀、真空切换装置、加氯机等是否有泄漏。检查各类仪表是否在正常位置。

2) 停止使用操作

首先缓慢关闭氯气瓶总阀，待输氯管线上的残余液氯抽尽后，关闭输氯管上的阀门，关闭氯气真空切换装置，关闭加氯机的比例调节阀，关闭自来水泵及相关电源。

3. 简述加药系统长期停泵(一个月以上)时的操作方法。

答：(1)关闭加药泵电源。(2)关闭加药泵进口阀门。(3)打开加药管线的泄空阀门，将管路中的剩余药剂排入污水管线。(4)清洗泵腔，防止有固体颗粒和介质沉淀。(5)关闭出口阀门。(6)对加药泵及相关电气设备和加药管线，进行维护。(7)如泵处于室外，遇霜冻天气，请做好防冻措施。

4. 简述对二沉池进行停水检查的内容。

答：(1)关闭二沉池进水闸。如整个系列停水，应先关闭曝气池出水闸。(2)关闭二沉池回流污泥闸。如整个系列停水，应先停污泥泵。(3)关闭二沉池出水闸。(4)单个池组由于运行需要停水备用，无须泄空，保持吸泥机运行。(5)如吸泥机正常，池组需要泄空检修，应打开泄空阀门，待水位泄至吸泥机泥板上方时，停吸泥机。(6)整个系列停进水，泄空时应逐个池组先后进行，避免泄空管道跑冒污水。